版权声明

STARING AT THE SUN: Overcoming the Terror of Death
by Irvin D. Yalom, M.D.
Copyright © 2008 by Irvin D. Yalom
Simplified Chinese Translation Copyright © 2015 by China Light Industry Press
Published by arrangement with the author through Sandra Dijkstra Literary Agency, Inc. in association with Bardon-Chinese Media Agency.
ALL RIGHTS RESERVED.

保留所有权利。未经中国轻工业出版社书面授权，任何人不得以任何方式（包括但不限于电子、机械、手工或其他尚未被发明或应用的技术手段）复印、拍照、扫描、录音、朗读、存储、发表本书中任何部分或本书全部内容，以及其他附带的所有资料（包括但不限于光盘、音频、视频等）。中国轻工业出版社未授权任何机构提供源自本书内容的电子文件阅览、收听或下载服务。如有此类非法行为，查实必究。

直视骄阳
——征服死亡恐惧

STARING AT THE SUN
OVERCOMING THE TERROR OF DEATH

［美］欧文·D. 亚隆（Irvin D. Yalom） 著

张 亚 译

中国轻工业出版社

图书在版编目（CIP）数据

直视骄阳：征服死亡恐惧／（美）亚隆（Yalom, I. D.）著；张亚译. —北京：中国轻工业出版社，2015.3（2025.9重印）

书名原文：Staring at the sun: overcoming the terror of death

ISBN 978-7-5184-0222-9

Ⅰ.①直… Ⅱ.①亚…②张… Ⅲ.①死亡哲学 Ⅳ.①B086

中国版本图书馆CIP数据核字（2014）第300335号

责任编辑：孙蔚雯　　责任终审：杜文勇
策划编辑：高小菁　　责任校对：刘志颖　　责任监印：吴维斌

出版发行：中国轻工业出版社（北京鲁谷东街5号，邮编：100040）
印　　刷：三河市鑫金马印装有限公司
经　　销：各地新华书店
版　　次：2025年9月第1版第17次印刷
开　　本：880×1230　1/32　印张：9.25
字　　数：130千字
书　　号：ISBN 978-7-5184-0222-9　定价：48.00元

读者热线：010-65181109
发行电话：010-85119832　010-85119912
网　　址：http://www.chlip.com.cn　http://www.wqedu.com
电子信箱：1012305542@qq.com

版权所有　侵权必究
如发现图书残缺请拨打读者热线联系调换
251567Y2C117ZYW

出版者的话

作为当代最著名的心理治疗大师之一，欧文·亚隆医生以其敏锐的觉察、深邃的思考、精当的论述，以及乐于传道的风范为许多读者所仰慕。他的著作内容独到，行文却平易近人，不仅在业内受到广泛欢迎，同时，未经心理学专业训练的普通读者也能从中获益良多。

"万千心理"长期致力于传播专业的心理学知识，提供高质量的心理学读物。今特将亚隆医生在我社出版的心理治疗经典图书重新整理，进行了订正、补充和润色，以提升阅读感受。希望能够借此机会，让更多读者认识和欣赏亚隆医生的心理治疗思想。

万千心理
2015年2月

译者序

两千五百多年前,孔子叹曰:"未知生,焉知死?"

一语惊醒梦中人。

可是,孔子的弟子们记下了——子在川上曰:"逝者如斯夫,不舍昼夜。"

你不可能不想到死,正如你不可能不死。

生命在一呼一吸之间延续,也在一呼一吸之间流逝。

正是"照花前后镜,花面交相映",即使,你并不想去看。

看还是不看,这不是个问题。问题在于,你怎么去看。

看得智慧,便成就了哲学,一门教人如何去死的学问。

看得通透,便成就了圣人,一群置生死于度外的普通人。

看得取巧,便成就了宗教,一份安抚芸芸众生的陪葬厚礼。

也许，你还可以试试跟随亚隆医生，从心理治疗的角度看过去……

一路风光旖旎。

年轻时总有一二大师会让你心潮澎湃，让你捧着他们的书大呼快哉，让你穿越时空与他们痛饮狂歌，物我两忘！亚隆便是那个从初见至今每每让我心潮澎湃的心理治疗大师，否则，我也不会在月子里接下翻译这本亚隆死生之作的重任。

喜欢亚隆，一则是因他的理性通达，看那本《团体心理治疗——理论与实践》，缜密实用的研究加上睿智超脱的反思，委实让刚刚完成硕士论文的我惊叹不已；二则是因他的感性洋溢，从《当尼采哭泣》到《诊疗椅上的谎言》，本本都是寓教于乐的美妙之旅；三则是因他的真性情，亚隆用他的坦荡通透把我们这些年轻的治疗师从矫揉造作、故弄玄虚的桎梏中轻轻唤醒，可以说，是亚隆教会了我如何真正用心去做治疗，哪怕那颗心并不完美；四则是因那本《存在主义心理治疗》伴随我走过了生命中最黑暗的时期，也让我开始接纳自己的无意义感以及被它俘获之后的愤怒和悲哀。

不过，说到底，喜欢一个人是从来不需要理由的。

也许，只是因为感动。

"万千心理"的高小菁女士给我发来这本书的电子版书稿时，我一口气读下去，被深深感动了。就像以往读亚隆的书时一样，心底某些柔软的地方开始跟随着他吟唱。

唯其爱之深，方能思之切。

其实，书中那些关于死亡的观念对于中国读者来说并不陌生。毕竟，在五千年的历史长河里，在浩瀚的星空下，有太多人思考过死亡，有太多智慧的火花闪烁其间，有太厚重的东方文化托起我们的双足，有太漫长的历史纷争让我们不得不面对这一禁忌。无论是伊壁鸠鲁的观念、波动影响，或是尼采的思想实验、自我实现的豪言壮语，都还不足以让一个地地道道的中国人真正摆脱人生必然走向死亡的战栗，那是每个灵魂深处与生俱来的痛，是芸芸众生对宇宙洪荒最谦卑的臣服。问天何寿？问地何极？轮回何在？神鬼安有？生何欢，死何苦？一代又一代的人苦苦追问，苦苦思索，不得其解，只有浩瀚的苍穹静静地凝望着、守候着、沉默着……

即便如此，探索的过程本身也已经让我们获得了太多。跟随这位心理治疗大师从积极改变的角度一路摸索，真是化腐朽为神奇。死亡既是每个人与生俱来的痛，也是每个人与生俱来的财富。多少人终其一生不敢打开这潘多拉的盒子，宁愿在心理疾病的束缚中苟延残喘，在躲躲闪闪中仓皇虚度……

这盒子，真有这么可怕么？

不。亚隆医生用他的真性情、大智慧为我们指明了一条坎坷艰险却惊喜连连的路。一路上，这位坦诚的人生导师披荆斩棘，用自己的亲身经历告诉你直面死亡时的种种陷阱，用一个个生动的个案向我们展示尘埃里如何开出最绚烂的花；他循循善诱，引导年轻的治疗师透过现象看到改变的本质，用心去与治疗室里的另一个生命产生真正的碰撞；他平易近人，不惜分享自己失败的经验，多次引用电影、小说中的例子只求让每个人都能不太费力气地跟上他的步伐；他的灵魂清澈如水，娓娓道来自己现时存在的世界观，但并不强求后生们只走他这一条路……

最有趣的是，走着走着，这条路便成了你自己的路，成了你自己的直面死亡之旅。也许，阅读本书的过程本身就是一次"觉醒体验"——只有经历了刺骨的痛，你才能亲手打开那份独一无二的生命大礼。

翻译本书期间，中国既经历了举世震惊的汶川大地震，也成功地举办了万众瞩目的北京奥运会。人们一次又一次饱含热泪，只因为，我们对这片土地爱得那么深沉！苍穹之下，有阳光的地方就一定会有阴影，可是，生命所释放出来的力量能够托起整个华夏大地！

对我个人来说，这八个月初为人母的时光也是前所未有的体验，女儿微笑的小脸竟能驱散一切愁云。看着她一天天长大，开始热切地向我张开小手叫妈妈，那份安宁与满足是无与伦比的。我常常一手抱着熟睡的女儿，一边忍不住去翻阅书稿。奇怪的是，这新生的喜悦与死亡的沉寂似乎毫不冲突，它们是如此和谐地彼此孕育着、成长着，生生不息。

就是在这样奇妙的和谐中，我完成了本书的翻译。翻译时，我乐在其中。反倒是译完后,心下惴惴起来,唯恐不能把亚隆的初衷很好地传递给大家,不能生动地再现他始终精彩的文笔;如果读者朋友们在本书中发现了一些不妥或疏漏之处,敬请批评指正。

张亚
2008年8月于奉贤西渡

Le soleil ni la mort ne se peuvent regarder en face.

你不能直视骄阳,也不能直视死亡。

谨以此书献给我的导师：
约翰·怀特霍尔，杰诺梅·弗兰克，
大卫·汉姆伯格，以及罗洛·梅

我愿将他们所给予我的，传递给我的读者。

前　言

千百年来，几乎每一位严肃作者都曾论及人类生命的有限性。然而，本书并不是，也不可能是，关于死亡的各种思想的汇编。

恰恰相反，这是一本高度个人化的作品，深深植根于我与死亡的相逢。我与每个人分享这死亡恐惧：它是我们生命中无法割断的阴暗面。这些文字包含了我从自己征服死亡恐惧的过程中、我的病人们身上，以及众多智者的思想中所学到的东西。

我诚挚地感激这一路上我最重要的导师：我的病人们。他们不得不匿名出现（但当他们读到本书时，能够认出自己的经历）。我荣幸地承受了他们内心最深处的恐惧，得到了记叙他们故事的许可。他们中的一些人在本书出版之前就已经阅读了部分或全部的内容，并提出了修改建议。而让他们最高兴的是，通过本书，他们的人生体验和智慧将作为一种波动影响，传递到无数读者心中。

目 录

第一章　死亡之痛 / 001

第二章　识别死亡焦虑 / 011

第三章　觉醒体验 / 033

第四章　观念的力量 / 077

第五章　通过关系克服死亡恐惧 / 113

第六章　死亡意识：我的回忆录 / 145

第七章　治疗死亡焦虑：给心理治疗师的建议 / 193

后　记 / 265

读者指南 / 269

Mortal Wound

第一章
死亡之痛

> 我心伤悲，惧怕死亡。
>
> ——吉尔伽美什

    自我意识是无上的馈赠，如生命一般宝贵，正是它使我们成为独一无二的人类。但是，随之而来的代价便是死亡之痛。我们的存在永远笼罩着挥之不去的阴影——生命必将生长、成熟并最终走向枯萎、死亡。

    死亡从人类有历史记载开始便如影随形般出没。四千年前，古巴比伦英雄吉尔伽美什[1]（Gilgamesh）遭遇了挚友印齐杜

---

[1] 出自《吉尔伽美什史诗》，史诗记载了两河流域的上古神话传说，内容丰富，情节曲折，充满想象力。主人公吉尔伽美什原是乌鲁克城的暴君，后与天神派来的半人半兽的勇士印齐杜结为盟友，协力斗争，为民造福。正在庆功之际，印齐杜突然病死。吉尔伽美什悲痛至极，于是他外出远游去寻找人类的祖先乌特那庇什提，探求人类长生不死的奥秘。他历尽艰辛取得了长生草。可是在归途中，长生草被蛇吞吃了。吉尔伽美什只好懊丧地回到乌鲁克城。本来史诗到此结束，后来僧侣们为宣扬宗教迷信又加上了一节。这一节里说，在诸神的安排下，吉尔伽美什同印齐杜的幽灵进行了一次对话，说明人最终不免一死，但信奉神灵可以减轻死后的痛苦。吉尔伽美什明白了哪怕最伟大和最勇敢的英雄也是人，因此必须要学会欢乐地生活，体会眼前的幸福，最后接受不可避免的命运。——译者注

(Enkidu)之死,他感叹道:"你变得黯淡,不闻我的呼唤。当我死时,岂不也像印齐杜般?我心伤悲,惧怕死亡。"

吉尔伽美什说出了我们心底的声音,每个男人、女人、孩子都像他一样惧怕死亡。对于有些人来说,这种恐惧不会直接出现,它乔装打扮成心理疾病或是一种普遍的不如意感;有些人却体验到一种明显的、能够意识到的死亡焦虑;还有一些人陷入死亡恐惧,完全不能享受人生的欢乐和满足。

多少世纪以来,睿智的哲学家们试图反思人生必死之痛,以帮助人们获得内心的和谐平静。作为一位心理治疗师,我接触过多位与死亡焦虑苦苦斗争的病人,的确发现古代智慧——尤其是古希腊哲学家们的真知灼见至今仍然直指人心,发人深省。

实际上,在心理治疗领域,我一直认为自己的先师鼻祖不只是那些19世纪末20世纪初伟大的心理学家和精神科医生们,如比奈、弗洛伊德、荣格、巴甫洛夫、罗夏、斯金纳等,还有那些早期希腊的先哲们,尤其是伊壁鸠鲁。甚至,随着我越来越多地了解这位雅典智者,我越来越坚定地认为伊壁鸠鲁堪称最早的存在主义治疗师。在本书中,我将充分运用他的观点。

伊壁鸠鲁出生于公元前341年(正是在柏拉图死后不久),逝于公元前270年。大多数现代人由于"享乐"或"享乐主义"这两个单词(意指沉溺于精致的感官享受,尤其指沉溺于美食、美酒)

而对他略知一二[1]。但是,历史上伊壁鸠鲁本人并不提倡感官享乐,他更多地关注如何获得内心的宁静(ataraxia)。

伊壁鸠鲁坚持他的"医疗哲学",即哲学应该帮助灵魂摆脱痛苦。正如医学用于治疗身体疾病一般,哲学的唯一目的在于减轻人类的痛苦。那么,痛苦的根源是什么呢?伊壁鸠鲁认为,痛苦来源于我们对死亡无所不在的恐惧。他说,面对不可避免的死亡,恐惧剥夺了生命的欢娱,所有的快乐都被搅乱了。为了减轻这种恐惧,伊壁鸠鲁提出了好几种颇具影响力的思想实验,它们不但帮助我自己来面对死亡焦虑,也给了我帮助来访者的卓越工具。在接下来的讨论中,我将会常常引用这些有益的观点。

个人体验和临床工作告诉我,对死亡的焦虑伴随着整个人生。从孩提时代开始,孩子们便可以注意到林林总总的死亡痕迹——落叶、死去的昆虫和宠物、去世的祖父母、老去的双亲、一望无际的墓地等等。他们也许只是看着这一切,有些惊奇,然后学着像他们的父母一样保持沉默。如果他们直接说出自己的担心,父母大多会明显觉得不舒服并且试图安慰孩子。有时候大人们会找一些宽慰人的话,或者把死亡说成很遥远的事情,抑或用一些关于复活、永生、天堂和大团圆等否认死亡的故事来安抚孩子们的焦虑。

从6岁直至青春期,死亡恐惧都还深埋在无意识深处;这个

---

[1] 享乐(epicure)和享乐主义(epicurean)的英文单词演变自伊壁鸠鲁(epicurus)的英文单词。——译者注

阶段正是弗洛伊德所谓的性潜伏期。进入青春期，死亡焦虑大规模地爆发了：青少年通常都会思考死亡这个主题，少数还会有自杀想法；如今的青少年会通过在暴力的电子游戏中体验"二次生命"来掌控或征服死亡，还有一些青少年则做出叛逆行为来排遣死亡焦虑，如讲死亡笑话、唱嘲弄死亡的歌曲或是和朋友们看恐怖电影等。当我处于青春期时，每周会两次光顾坐落于父亲店铺所在的街角的小电影院，和朋友们一起尖叫着看恐怖电影，直直地盯着电影屏幕上第二次世界大战时期的残酷画面。我出生于1931年，而我的兄弟哈里，他比我早生四年，却死在诺曼底登陆之时；我记得自己当时为生命的无常战栗不止。

另一些年轻人则通过冒险行为来对抗死亡。我曾接待过一位男性来访者，他患有多种针对特定对象的恐惧和弥散性的恐惧。这些症状随时可能爆发，摧毁他的生活，真是糟糕极了。而这位病人却告诉我他从16岁开始高空跳伞，跳了许许多多次。现在回头想想，他觉得这是自己一直以来和死亡恐惧搏斗的方式。

随着岁月的流逝，青少年在青春期对死亡的关切被成人早期两项重要的生命功课——成家、立业所分散。但是，再过三十年，也就是孩子长大离家、职业生涯告终之时，中年危机便如约而至，死亡焦虑也再次来袭。中年人此时到了生命的顶峰，再看今后的人生道路，可谓开始"走下坡路"了。从这时候开始，你再也无法对死亡视而不见。

每时每刻想着"死亡"这回事并不容易，就好像用肉眼直视骄阳,你实在坚持不了多久。我们无法忍受生活在恐惧中,于是寻求各种方法减轻这种痛苦,比如把希望寄托在孩子身上,或是努力使自己变得更有钱、更出名,或是发展出强迫性的习惯进行自我保护,又或是寄托于坚定的信仰,相信终极拯救者。

一些身强力壮的人像英雄一样生活着,常常对他人或自己的人身安全漠不关心;另一些人通过与爱人、事业、团体、神等他者的融合来超越死亡带来的分离之痛。死亡焦虑也可以说是所有宗教信仰的源泉,这些信仰以不同方式抚慰我们的心灵,减轻我们不得不面对的人生苦短之痛。在不同文化中以不同面目出现的神不但带给人们永生的希望,减轻死亡恐惧,而且通过提供永恒的存在以及富有意义的生活蓝图来缓解各种存在焦虑。

虽然有这些可靠的、由来已久的防御措施,你却仍旧无法彻底征服死亡焦虑:它们始终在那里,偷偷地潜伏在心灵的幽谷之中。也许,正如柏拉图所言,我们无法对自己的灵魂深处说谎。

如果我是一名公元前三百年(该时代又称为哲学的黄金期)的雅典公民,正被死亡恐惧或噩梦折磨,我该找谁帮我消除头脑里盘旋的恐惧念头呢?也许我会心事重重地走到广场上去看看,那里是许多重要的哲学学派的发源地。我走过柏拉图学院,该学院现在由他的侄子斯珀西波斯(Speucippus)管理;我经过亚里士多德学派的吕克昂学院(Lyceum),亚里士多德虽是柏拉图的学生,在哲学观点上却与老师分道扬镳;我又路过斯多葛学派和犬儒学派,对所有寻找学生的流浪哲学家视而不见。最后,我来到了伊壁鸠鲁花园；在那里，我觉得自己有救了。

回到现代，人们在面临失控的死亡焦虑时该到哪里去寻求帮助呢？有些人从家庭和朋友那里得到帮助；有些人选择去教堂或心理咨询室；有些人可能会如您现在一样，读一本相关书籍。我曾为许多深陷死亡恐惧的来访者进行咨询。通过近一生时间的观察、反思以及干预，我确信能为那些面对死亡深感焦虑以及无法克服死亡恐惧的人提供有价值的帮助。

在本书的第一章中，我提出，死亡恐惧造成了一系列貌似与之并不相关的问题。死亡带来的影响往往隐匿难辨，却可能使一些人的生活彻底瘫痪。死亡恐惧常转化为症状表现出来，尽管看似与死亡毫无关系。

弗洛伊德认为性压抑造成了精神疾病，我以为该观点过于狭隘。在临床工作中，我逐渐理解到压抑的不只是性，还有人类的整个动物性自我及其局限的本性。

第二章将讨论如何识别转化了的死亡恐惧。许多人所患的焦虑、抑郁等症状皆由死亡恐惧所引发。该章将通过真实的临床个案以及电影和文学作品中的故事来说明我的观点。

第三章将阐明直面死亡不仅不会带来毫无意义的人生、令人陷入绝望，相反会引发觉醒体验，令人更加完满地活着。该章的主题是：虽然肉体的死亡会摧毁我们，可是，对死亡的观念却能拯救我们。

第四章借用并讨论了一些哲学家、心理治疗师、艺术家、作家们所提出的掷地有声的观念，以及它们如何征服死亡恐惧。

但是，只有观念几乎无济于事，观念需要与关系相互融合促进才能带来有效的帮助。在第五章中，我将介绍一些在日常生活中可行的结合观念与关系的方法。

本书的观点来源于我对前来寻求帮助的来访者的观察。但不可否认的是，观察者的视角常常会影响观察结果。第六章将反观观察者自身，向读者介绍我本人关于死亡的体验以及对死亡的态度。我同样与人生必死之痛苦苦斗争着。作为一名终生与死亡焦虑工作的专业人士以及一位离死亡越来越近的普通人，我将坦诚而清晰地向您讲述我对于死亡焦虑的真实体验。

第七章为治疗师们提供临床指南。大多数治疗师避免直接触及来访者的死亡焦虑，这可能是由于他们不愿意直面自己的焦虑。更重要的原因是，专业院系极少甚至根本不提供相关培训。年轻的治疗师常常告诉我，他们并不需要如此深入地探讨死亡，因为他们不知道该如何面对探寻的结果。为了真正帮助那些深受死亡焦虑困扰的来访者，治疗师需要了解一系列新的观念并与来访者建立起新型的关系。该章虽然旨在帮助治疗师，但努力避免堆砌专业术语，让普通读者也能从中获益。

你也许会疑惑，为何要谈论如此令人不舒服又害怕的话题？为何要用肉眼直视如此耀眼的骄阳？为何不遵从美国精神病学界泰斗阿道夫·梅尔（Adolph Meyer）一个世纪前对精神科医生的谆谆教诲,"不要搔那些还不痒的地方"?为何要与生命中最恐怖却无法改变的黑暗面较劲?事实上,近年来新兴的管理式关怀(managed care)、短期治疗(brief therapy)、症状控制(symptom control)以及改变思维模式的尝试都进一步强化了以上对不可了解之事物保持沉默的观点。

死亡其实并非"不痒"。它始终跟随着我们,悄无声息地将指甲划过我们的内心之门,潜藏在无意识之中轻轻地鼓动着。死亡焦虑通过隐藏和伪装,转化成各种症状,它正是我们所体验到的诸多困扰、压力和内心冲突的源头。

作为一个在不久的将来也必将死亡的普通人和一个多年来以死亡焦虑为工作主题的精神科医生,我强烈地感受到,直面如影随形的死亡并非是打开惹人烦扰的潘多拉的盒子,而是以更丰富、更有同情心的方式重返人生。

希望本书能够抛砖引玉,帮助你直视死亡。这不但能够改变你对死亡的恐惧之心,而且能够丰富你的人生之路。

Recognizing

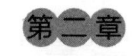

第二章
识别死亡焦虑

"死亡什么也不是，

　　死亡却成了一切。"

"虫子钻进来，虫子爬出去。"

每个人都以自己的方式恐惧着死亡。对有些人来说，死亡焦虑是人生的背景音乐。日常生活中的种种都在提醒他们某些特定的时刻将永远不再，即使是观看一部老电影都会让他们不由自主地想到，电影中的所有演员而今已化为尘土。

对于另一些人来说，这种焦虑更加强烈，无法控制，似乎会在凌晨三点突然爆发，只留下他们独自惊恐地面对死亡的幽灵。他们的脑袋里充斥着这样的想法，那就是他们也快要死了——就像周围所有人一样。

还有一些人对即将到来的死亡充满了具体的幻想，比如被一把枪指着脑袋、遭遇纳粹行刑队、被雷电袭击，或是从桥上、大楼上坠落等。

死亡恐惧还有许多形象生动的内容，比如害怕死后躺在棺材里，鼻子里堵着泥土，并意识到自己将永远地躺在黑暗之中；害怕死后再也不能看、不能听，也不能接触到所爱之人；害怕自己一个人孤零零地躺在地底下，而所有的朋友们却都在地面之上。地球会照常运转，自己却无法再知晓家人、朋友以及外面的世界在发生些什么。

我们每个人都曾在每天晚上的睡梦中或失去意识的麻醉状态下体会过死亡。死亡和睡眠在希腊文中正是一对孪生词。捷克存在主义小说家米兰·昆德拉认为，我们还通过"遗忘"提前体味了死亡。他说："**死亡最可怕的地方不在于让你丢失未来，而在于让你没有了过去。实际上，遗忘是死亡的一种形式，贯穿于整个人生。**"

对于许多人来说，死亡焦虑外显而容易识别，让人痛苦不堪；对另一些人来说，这种焦虑却很隐秘，它潜伏在其他症状背后，只有通过努力探究，甚至用心挖掘，才能识别出来。

外显的死亡焦虑

大多数人的死亡焦虑常常伴随着对于邪恶、遗弃或是灭绝的恐惧。有些人害怕永世的罪恶，担心自己将永远、永远地死去，无法复生；有些人无法理解死后"不存在（nonbeing）"的状态，想知道自己死后到底会去哪里；还有些人的恐惧聚焦于个人世界的彻底灭失；另一些人则为死亡的不可避免性焦灼不已，以下便是一位32岁的女性在死亡焦虑爆发时的体验，她在电子邮件中这样写道：

> 最强烈的感觉来自于意识到是此刻的"我"就要死了，而不是以后那个老去的"我"或是一时生病最终才会死去的"我"。我总是转弯抹角地想到死，仿佛死亡"就要"发生而不是"将要"发生。在这种恐慌大爆发之后的几周之内，我开始比以往更加强烈地想到死，并且明白了那不再只是"可能"发生的事情。我好像大梦初醒，看到可怕的真相，再也回不去了。

一些人由此继续想下去，结果令人难以忍受——死亡意味着无论是他们的个人世界还是曾经的回忆都将不复存在。儿时嬉戏的街头巷尾、温馨和睦的家庭聚会、海边的度假小屋、青葱的高中校园等一切都将随着死亡而蒸发。没有什么是不变的，也没有什么可以永恒。如此虚幻的人生究竟有什么意义呢？这位女士在电子邮件中继续写道：

> 我开始深切地体会到一种无意义感，我们所做的一切注定会被遗忘，连整个星球最终都会归于尘土。我想到父母、兄妹、爱人和朋友们的死亡，想到有一天我的（这

绝不是想象也不是假设)脑壳和骨头脱离身体,不再属于我。这些想法实在令人不知所措。我无法相信自己死后会变成某种脱离身体之外的存在,因此也没法用所谓的灵魂不朽来自我安慰。

在这位女士的描述中有几个重要的主题。首先,她必然得自己来面对死亡,而这不是"可能"会发生的事情,更不是会发生在其他人身上的事情。其次,无可避免的死亡让整个人生变得毫无意义,独立于她身体之外的所谓灵魂真能不朽吗?她认为这完全不可能,所以无法从所谓来世的观念中找到任何安慰。此外,她还提出了这样的疑问:死后的毫无感觉和出生前的一无所知是不是一回事?(在下文对伊壁鸠鲁的讨论中我们将再次涉及这个重要话题。)

一位对死亡充满恐惧的病人[1]在我们第一次面谈时带来了这样一首诗:

死亡,四处弥散
它攫取着、推搡着、啃噬着我
无处可逃
我只能
痛苦地尖叫

---

[1] 基于欧文·亚隆身为精神科医生的背景,本书中将"Patient"统一翻译为"病人"。——译者注

疯狂地哀嚎

死亡，在每一天里若隐若现
我试着留下走过的足迹
兴许这会有点用
我竭尽全力做到
全然活在每个当下

但死亡潜伏在黑暗之中
我所追寻的
这令人舒适的保护伞
如同包裹孩子的毛毯
在寂静的寒夜里
当恐惧来袭
它们就这样完全被浸透

那时
将不再有我的存在
不再有一个我
能自然呼吸
能改过自新

能感受甜蜜的悲伤

而这难以忍受的丧失

竟无声无息地逼近

死亡什么也不是

死亡却成了一切

这最后两句诗总是萦绕在她的脑海里：死亡什么也不是／死亡却成了一切。她解释说，死后将什么都不是的想法折磨着她，占据了她生活中的一切。尽管如此，这首诗里却提及了两种重要的、安抚心灵的方法：一是留下自己的足迹，获得生命的意义，二是尽可能地活在当下。

死亡恐惧并非"替代品"

心理治疗师们常常错误地认为，外显的死亡焦虑并不针对死亡本身，而是其他心理问题的伪装。有一个个案是这样的：29岁的房地产经纪人珍妮一直以来被夜间爆发的死亡恐惧所困扰，先前的治疗师没有一个能够为她提供有价值的帮助。她常常在深夜里惊醒，浑身冒着冷汗，两眼空洞地圆睁着，瑟瑟发抖地想着自己的死亡，想到自己将无声无息地消失，永远地挣扎在黑暗之中，被整个世界完全遗忘。她告诉自己,如果一切最终必然走向消亡,那么实际上,什么都无所谓。

自孩提时代开始,这些想法就折磨着她。她清楚地记得自己当时才5岁,第一次想到了死。这个5岁的小女孩觉得非常害怕,她浑身发抖地跑进父母的房间,母亲说了两句话,让她逐渐平静下来了。这两句话让她终生难忘。

"在你前面还有很长很长的路,现在想这些没有什么意义。"

"况且,当你非常老了,快要死了,你会变得很平静或者处于病痛之中。无论如何,死都不会那么糟糕。"

珍妮一直以来依赖母亲的这番话获得内心的平静,此外,她还找到了其他的一些方法来改善自己的状况。她提醒自己,可以选择是否去想死亡;可以转换自己的记忆频道,回想一些愉快的经历,比如儿时和伙伴放声大笑;也可以与丈夫在洛基山徒步旅行,惊叹于浓云如柱、湖清如镜;还可以亲吻孩子愉快的小脸。

尽管如此,死亡恐惧却仍然纠缠着她,剥夺了她生活中的许多乐趣。珍妮看过好几位心理治疗师,却没有从中得到什么帮助。她自己找到的这些方法的确减轻了恐惧的强度,却无法改变恐惧发作的频率。以往的治疗师们也从来没有把治疗焦点集中在她对死亡的恐惧上,因为他们认为这不过是其他焦虑情绪的"替代品"。我决心不再重复以往治疗师的错误。我相信他们是从珍妮的一个梦开始陷入混乱之中的,这是珍妮5岁时做过的一个很有影响力的梦,后来在她的梦境里反复出现。

> 我们全家都待在厨房里。桌上摆着一碗蚯蚓,我爸爸强迫我抓起一把,挤压它们的身体,喝下它们流出的汁液。

对于珍妮曾经面谈过的每一位治疗师来说,这个"挤压虫子喝汁液"的意象显然与阴茎、精液有关。结果,每个治疗师都会询问她是否曾被父亲性侵害。这也是我听完之后的第一个念头,但是,当珍妮讲到这些问题如何引发了错误的治疗方向之后,我决定抛弃这些想法。珍妮说,她的父亲虽然非常可怕,总是责骂她,但她和哥哥姐姐们都不记得曾经发生过任何性侵犯一类的事情。

先前的治疗师都不曾和她探讨她内心无处不在的强烈的死亡恐惧的意义。这一普遍性的错误其实具有悠久的传统,甚至可以追溯到最早的心理治疗方面的书籍,即弗洛伊德与布洛伊尔在1895年合著的《歇斯底里症研究》。细读这本书,你会发现死亡恐惧弥漫在当时弗洛伊德的这些病人的生活之中。如果不是因为弗洛伊德的最后一本著作,后来的心理治疗师们对于死亡恐惧的探索也许就不会中断那么久。在那本著作中,弗洛伊德解释了自己对神经症的诠释是如何建立在各种无意识冲突,尤其是本能冲突的假设基础上的,而死亡与神经症的起源并无关联,因为无意识中并没有死亡的表征(representation)。他对此提出了两点理由:

一是每个活着的人都没有死亡体验,二是人们无法审思自己的"不存在"状态(nonbeing)。

尽管如此,弗洛伊德在第二次世界大战之后沉痛而颇具智慧地写下了一些不成体系的短文论及死亡主题,如《我们对死亡的态度》。利夫顿(Robert Jay Lifton)认为,弗洛伊德的精神分析理论对死亡主题的忽略(de-deathification)很大程度上影响了一代治疗师。他们因此把关注点从死亡本身移开,转向他们所认为的死亡在无意识中的表征,尤其是抛弃和阉割。实际上,精神分析理论对于过去的关注也可以说是对未来的逃避,对直面死亡的逃避。

在我和珍妮最初的工作中,我着重于对死亡恐惧的详细探索。这并未遭遇阻抗,珍妮很迫切地投入了治疗。她选择来找我便是因为她读了我的书《存在主义心理治疗》,想要面对自身的存在问题。我们的治疗聚焦于她关于死亡的想法、体验,以及幻想,并且,我还请她详细地记录自己的梦以及死亡恐惧来袭时的念头。

她并没有等太久。刚过了几个星期,在看完了一场有关纳粹时期的电影之后,珍妮经历了一次严重的死亡恐惧大爆发。她被电影中所描绘的人生无常、万事难料彻底吓坏了。在这部电影中,无辜的人质被肆意地逮捕、屠杀,到处都充满了危险,没有一个地方是安全的。所有这些都让她想起童年时代的家。那时的她好像也处在同样的危险之中;父亲随时可能毫无预兆地暴怒,她却没有地方可以躲藏,只能尽可能地让自己好像不存在一样来寻求庇护——也就是说,尽可能地少说话、少提问题。

此后不久，珍妮重回她儿时的故居，并听从我的建议在父母的墓碑前冥想。让病人在墓碑前冥想听起来也许有些疯狂，但是早在1895年，弗洛伊德就曾用这种非同寻常的方法对一位病人进行了治疗。在父亲的墓碑前，珍妮突然冒出了一个奇怪的想法："他待在墓里该有多么冷啊！"

我们讨论了这个奇怪的想法。这似乎是从儿童的视角来看待死亡，其中充斥着非理性的成分（如死去的人还能感到冷）。在她的想象世界里，这种儿童式的非理性成分与成人式的理性成分交织在一起。

这次治疗结束之后，珍妮开车回家。在路上，她的耳边突然回响起儿时一段熟悉的旋律。她开始哼唱，并且惊讶地发现自己想起了全部的歌词：

> 是否想过，当灵车驶过，你也许就是下一个？
> 他们把你裹在大大的白色褥子里，
> 深埋在地下两米；
> 他们把你装进黑色的盒子里，
> 黄土和碎石将把你埋葬。
> 一周之内，一切完好，
> 一周之后，棺材渗漏！
>
> 虫子钻进来，虫子爬出去。

它们咬你的口唇，吃你的眼睛，啃你的鼻子，
它们吮吸你脚趾头间的汁液！

一只巨大的凸眼虫钻进你的胃里，
又从你的眼窝里爬出来，
你的胃就这样变得和泥沼一样绿，
流出奶油般的液体。

来吧！把它刷在面包片上吧！
在你死后，那便是你的美食。

她轻轻吟唱着，回忆慢慢地涌上了心头。她想起姐姐们（珍妮是家中最小的一个）总是恶作剧般地唱这首歌来逗她，毫不理会她当时显而易见的痛苦。

回忆起这首歌对于珍妮来说是一次重要的突破，这使她开始理解自己那个一再重复的，挤压虫子喝汁液的噩梦并非与性有关，而是与她儿时所体验到的死亡、危险以及缺乏安全感有关。这种洞察——她依然停留在儿童式的看待死亡的角度上——为治疗打开了全新的局面。

隐秘的死亡焦虑

揭示隐秘的死亡焦虑常常需要一番探察。但是，无论是在治疗室之中还是之外，都很少有人可以通过自我反省真正揭示它。不过，不论你的意识如何精心隐藏，关于死亡的想法都会不经意地冒出来，散播到你的梦里。可以说，每一个噩梦都是死亡焦虑挣脱束缚、恐吓做梦者的结果。

噩梦惊醒了做梦者，并描绘了做梦者充满风险的现实生活。噩梦有许多种形式，比如被追赶逃生的梦，比如从高处坠落的梦，比如面临致命的威胁四处躲藏的梦，比如死去或正在死去的梦。

死亡通常以象征的形式出现在梦中。比如，一个患有胃病并且对胃癌十分关注的中年男人梦见自己和家人乘坐飞机一起去海边度假村旅行；在下一个画面里，他发现自己躺在地上，胃痛难忍，蜷缩成一团。这个男人惊恐地从梦中醒来并且立即意识到梦的含义：这意味着他死于胃癌，而人生已经离他远去。

最后，某些生活事件几乎一定会引发死亡焦虑，比如自己身患重病，身边亲近的人过世，或基本安全感面临难以抗拒的重大威胁，如遭遇强奸、离婚、失业、抢劫等。单单只是思考这些事件通常也会引起外显的死亡恐惧。

没有指向的焦虑实际上是死亡焦虑

多年前，心理学家罗洛·梅曾风趣地说，在没什么可焦虑的时候，人们总是试图焦虑点儿什么。换句话说，没有确定对象的焦虑会立即寻找明确的目标。苏珊的故事将告诉我们，当一个人对某些事情过分焦虑时这个观念是多么适用。

苏珊是一个循规蹈矩又很能干的中年会计师，她曾因和老板起冲突来我这里咨询过。我们面谈了几个月，最后苏珊辞职了，她自己开了一个很有竞争力也很成功的公司。

几年之后，她打电话来想立即预约咨询。当时我几乎听不出这是她的声音了。以往她总是声调上扬、镇静自若，这回听起来却哆嗦而惊慌。那天稍晚些时候我见到了她，她的样子让我大吃一惊：她原本举止优雅、穿着得体，这次却衣冠不整、情绪激动。她的脸红红的，眼睛都哭肿了，脖子上还缠着一条绷带，略微有点儿脏。

苏珊有些迟疑地开始讲述自己的故事。原来，她已经成年的儿子乔治，原先有一份很好的工作，也很有责任感，现在却因贩卖毒品被关在了监狱里。当时，乔治因一个小小的交通违规被警察拦住，警察却在他的车里发现了可卡因，乔治自己也被检测出来服用了毒品。由于曾经在吸毒后驾车，他已经参加了州政府组织的康复计划。这是他第三次卷入与毒品有关的违法行径中,他被判处一个月的监禁,并得参加为期十二个月的戒毒课程。

苏珊已经整整四天哭个不停,她吃不下、睡不着,更别谈去工作了(这是二十年以来她第一次无法工作)。晚上,她被脑海中关于儿子的可怕场景折磨着——乔治贪婪地从一个棕色纸袋裹着的瓶子里吸食毒品,衣衫褴褛、满嘴烂牙,最终死在阴沟旁边。

"他会死在监狱里的。"苏珊对我说。她继续说到自己如何竭尽全力抓住每一根救命稻草,如何想尽一切办法企图让儿子获得保释。当她看到儿子小时候的照片时几近崩溃。那时的乔治像个小天使,他有着金黄色的卷发、会说话的大眼睛,更重要的是,那时乔治的未来有着无限美好的可能。

苏珊一向自认为很能适应环境,也能够创造属于自己的生活,即使有着放浪无能的父母,她依然能不受影响地获得自身的成功。但是,遇到眼前这种情况,苏珊觉得完全无能为力。

"他为什么要这样对待我?"苏珊追问着。"这是一种背叛,他故意破坏我为他安排的人生道路!除此之外还能是什么呢?难道我没有给他应有的一切?为了让他成功,我甚至帮他铺好每一块砖头!我给他最好的教育,教他学网球、学钢琴、学骑马,而他呢?他是怎样回报我的?如果我的朋友们发现了,这该多么丢人!"想到朋友们的孩子都是那么成功,苏珊无法控制地心生嫉妒。

我首先提醒苏珊一些她心知肚明的事,比如儿子将死在阴沟里的想法是非理性的，除非大灾难爆发，否则这实在不可能。我还指出，事实上，乔治已经取得了很大的进步：他参加了戒毒课程，并且正在与一位出色的咨询师进行一对一的治疗。况且，戒除毒瘾本来就很不容易，毒瘾复发（通常还不止一次）几乎很难避免。所有这些其实她都知道——在儿子的戒毒课程中有整整一个星期的家庭治疗，她最近刚刚参加完回来。而且，值得一提的是，她的丈夫并没有像她这样如此关注儿子。

她也知道自己的问题所在。"为什么乔治这样对我？"这个想法本身是非理性的。当我建议她把自己从这些画面中抽离出来时，苏珊自己也认识到了这一点：其实，儿子的毒瘾复发与她的关系并不大。

虽然任何一位母亲都会为儿子复发毒瘾、蹲进大牢而心烦意乱，但是苏珊的反应看上去有些过激。我开始怀疑她的焦虑可能另有来源。

让我印象最深的是苏珊内心深处的无助感。她一向觉得自己很能掌控环境、利用资源，但现在，这种认识被击溃了——她无法为儿子做任何事情（除了让自己对儿子的生活暂时放手以外）。

可是，为什么乔治成了她生活中如此重要的中心呢？的确，那是她的儿子，当然对她很重要；但乔治对她来说太过重要了，就好像她的整个人生完全决定于乔治是否能成功。于是，我向苏珊讲述了我的观点——许多父母通过孩子让自己的生命不朽。这引起了她的兴趣，她承认曾希望通过儿子来延续自己的生命，不过现在她放弃了这个念头。

"他不能胜任这份重任。"她说。

"有孩子能胜任吗?"我反问,"而且,乔治自己也不会想这么做。所以,他的所有行为,他的毒瘾复发,都与你无关!"

在这次治疗快要结束时,我询问她脖子上的绷带是怎么回事。苏珊告诉我,她最近刚刚做了颈部拉皮(一种美容手术)。当我想继续问下去时,苏珊显得有些不耐烦,想把话题重新转回到乔治身上——这也的确是她来约见我的原因。

但我不能让关键点就这样溜走。

"我想听听看,是什么让你决定做美容手术。"

"好吧,我痛恨岁月在我身上留下的痕迹——我的胸部,我的脸,尤其是我松弛的脖子。拉皮手术是我给自己的生日礼物。"

"生日?"

"六十大寿。就在上周。"

她谈到自己已经60岁了,发觉时光飞逝。(我也讲到自己已经七十多了。)于是,我总结道:"我的确感觉到你的焦虑有些多余,毕竟你心里的一部分很确定地知道戒毒过程中的复发非常普遍。我认为你的焦虑有一部分来自于其他方面,你可能把它们转移到乔治身上了。"

苏珊使劲点点头。我得到她的肯定,便继续往下说:"我认为你的许多焦虑是关于自己的,而不是乔治的。这和你的六十大寿,你意识到自己的衰老以及死亡有关。你内心深处一定在思考一些重要的问题,比如你今后的生活将如何安排?什么才能带来意义感?尤其在你意识到乔治难以成为你的接班人之后,这些问题愈加提上议程。"

苏珊从刚才的不耐烦逐渐变得饶有兴趣。"我还没怎么想过关于衰老、时间不等人这些,在我们以往的治疗中也从来没有涉及过这个话题。但听你这么说,我觉得我有点儿明白你的意思。"

治疗结束时,她看着我说:"我无法想象你的观念将会在多大程度上影响我。但是我可以肯定地说,在治疗的最后十五分钟里你完全抓住了我的注意力。这也是最近四天以来,我的头脑没有被儿子占据的最长的一段时间。"

我们约定在下周某天的早上继续咨询。苏珊以前在我这里咨询过,知道我早上的时光通常是用来写作的,她提醒我这样的约定打破了我的习惯。我告诉她,下周有几天我要去参加儿子的婚礼,因此改变了日程安排。

为了尽可能地为她提供帮助,在苏珊离开咨询室时,我补充说:"苏珊,这是我儿子第二次结婚。我记得他刚离婚那阵子着实不好过。当时,我身为父母却无能为力,这感觉实在糟糕透了。我也明白你现在的感受,那种想要帮助孩子的愿望在我们心里其实根深蒂固。"

在接下来的两周里,我和苏珊更多地探讨她自己的生活而不是乔治的问题,而她对于乔治的焦虑也奇迹般地消失了。乔治的治疗师建议(我也赞成)如果这对母子中断联系几个星期,将会对双方都有益处。苏珊想要了解更多关于死亡恐惧的知识以及大多数人如何面对这种恐惧，于是，我和她分享了我在本书中提及的一些观念。第四周的时候，苏珊告诉我她感觉自己恢复正常了，我们于是约定几周之后再见一次面。

在最后一次面谈中，我询问她在整个治疗过程中觉得哪些部分对她最有帮助。她清楚地区分了我所提出的观念和我们彼此之间有意义的关系。

"最有价值的是，"她说，"你告诉我关于你儿子的事情。我为你如此坦诚地走近我而感动。此外，我们探讨的另一个主题——我如何把自己对生活和死亡的恐惧放在乔治身上——着实吸引了我的注意力。我相信你是对的。但是，有一些观念，比如你所采纳的伊壁鸠鲁的那些，的确非常……嗯……非常睿智。我简直无法告诉你它们到底有多好用。不过，毫无疑问的是我们在面谈期间发生的一切的确非常有效。"

苏珊将观念和关系一分为二是一个关键点（见第五章）。无论观念本身多么有用，假如没有与他人的亲密关系，它们也会毫无用武之地。

在这次面谈的后半部分，苏珊宣布了发生在她生活中的令人惊喜而有意义的改变。"我有一个大问题是太把自己封闭在工作里。我成为注册会计师已经很多年了，这几乎占用了我成年之后的大部分时光。我现在觉得，这对我来说实在不是个好角色。我明明很外向，却做着非常内向的职业。我其实喜欢和人们待在一起，保持亲密的联系，而注册会计师这职业太像个修道士了。我需要改变我所做的事情。几个星期前，我和先生很认真地讨论了我们未来的生活。我还有时间可以去从事一份新职业。我讨厌变老以后回首走过的路，才发现自己居然从来没有尝试过做点儿其他事情。"

苏珊告诉我，她和她的先生过去总是开玩笑似的说到他们的梦想——在加州风景胜地纳帕谷开一个小旅馆，让游人可以在那里住宿、享用早餐。现在他们开始认真考虑这个计划。上个周末时他们就与房产经纪人一起去看出售的各种小旅馆了。

六个月之后，我收到苏珊寄来的明信片，她邀请我有空去看看。那张明信片上印着一栋迷人的小旅馆，背面写着："入住旅馆第一夜！"

苏珊的案例说明了几个要点。首先是她对儿子的过分焦虑。苏珊因儿子蹲了大牢而深感痛苦的确理所应当，为人父母都会这样，但是她的反应有些过激。毕竟，她的儿子已多年与毒品有染，也曾有过不止一次的毒瘾复发。

当我从她脖子上有些脏脏的绷带——美容手术的痕迹开始切入治疗的关键部分时，我只是做出理论上的猜测。但是，我犯错误的可能性非常小。因为在她那种年纪很少有人不去考虑衰老的问题。她的美容手术以及六十大寿引发了隐秘的死亡焦虑，而且她把这种焦虑转移到儿子身上。在治疗中，我引导她意识到焦虑的来源,帮助她直面这种焦虑。

苏珊为治疗过程中的好几项领悟感到震撼。比如,她的身体正在衰老,她的儿子象征着她的生命不朽,但她只能有限地帮到儿子或延缓自己的衰老等。最终,她意识到自己过去的生活有那么多遗憾,这引发了她人生的巨大改变。

以上是本书中的众多例子之一。它们都将说明,我们能做的比只是单纯减轻死亡焦虑要多得多。死亡意识可能成为觉醒体验,它是强有力的催化剂,能引发我们人生的重大改变。

Awakening Experience

第三章
觉醒体验

冷漠自私的吝啬鬼伊本尼泽·斯克鲁奇是狄更斯的小说《圣诞颂歌》中的主人公，也是文学作品中的著名角色。圣诞之夜发生在斯克鲁奇身上的事情使他发生了彻底的转变。他冷若冰霜的脸突然间融化了，整个人变得热情又大方，热切地想帮助自己的员工和邻居。

到底发生了什么让斯克鲁奇有这么大的转变？这并不是由于他的良心发现，也不是由于圣诞节洋溢着的温暖气氛，而是因为一种特殊形式的存在主义休克治疗（existential shock therapy）所致，也就是我接下来将要讨论的"觉醒体验"。在小说中，"未来之灵"探访了斯克鲁奇，通过让斯克鲁奇看到自己的未来而对他进行了一次强有力的休克治疗。斯克鲁奇目睹了自己的死亡。他看见陌生人抢夺他的财产，甚至不放过床单和睡衣，还听见街坊邻里轻描淡写地谈论着他的死。接下来，"未来之灵"带领斯克鲁奇去墓地参加他自己的葬礼。斯克鲁奇凝视着自己的墓碑，用指尖抚摸着自己的名字，在那一瞬间，他的整个人格转变了。在下一幕中，斯克鲁奇焕然一新，成了一个充满同情心的人。

文学影视作品中有大量觉醒体验的例子。这些主人公直面死亡,人生反而丰富起来。比如,在托尔斯泰的巨著《战争与和平》中,皮埃尔被判处了死刑。行刑队枪决了他前面的几个人,而他则在最后一刻被暂缓执行;当时他眼看着排在他前面的几个人被射死。在此之前,小说中的皮埃尔如同行尸走肉一般活着;绝处逢生之后,他的生活变得充满热情和目标,与以前完全不同了。(在现实生活中,著名作家陀斯妥耶夫斯基在他21岁时也有类似的经历。他在等候枪决的最后一刻被暂缓执行,整个人生同样因此发生了极大的改变。)

远在托尔斯泰之前,有文字记载之初,先贤就提醒我们"生死相倚"。斯多葛学派[1]的哲学家们(如克吕西普[2]、芝诺[3]、西塞罗[4]、马可·奥勒[5])教导我们,学习如何好好活着也就是学习如何

---

[1] 斯多葛学派(Stoicism)是由公元前3世纪的塞浦路斯人芝诺创建的哲学派别,因其创立于雅典的一个圆柱大厅Stoa poikile,故名。该学派前后延续500年之久,与柏拉图学派、亚里士多德派、伊壁鸠鲁学派并称希腊四大哲学派别。——译者注

[2] 克吕西普(Chrysippus)是斯多葛学派早期代表人物。他认为只有宙斯才是不朽的,神并没有参与制造恶,而好人总是幸福的。此外,他还精于三段论、文法和数学。——译者注

[3] 芝诺(Zeno)是腓尼基人,斯多葛学派的创始人。他反对形而上学而重视物理学,相信宇宙决定人类的命运,没有偶然的存在。最初只有火,并迟早一切将终结于宇宙大火,而这个过程是循环往复的。——译者注

[4] 西塞罗(Cicero)是斯多葛学派中期代表人物,他的最大贡献在于把希腊文化引入了罗马。——译者注

[5] 马可·奥勒(Marcus Aurelius)是斯多葛学派晚期最著名的代表人物,帝王哲学家,著有《沉思录》。——译者注

去死,同样,学习如何去死也就是学习如何好好活着。西塞罗曾说:"思考哲学就是为死亡做好准备。"圣·奥古斯丁写道:"唯有面对死亡之时,一个人的自我才真正诞生。"许多中世纪的僧侣们在房间里挂上骷髅头,以警示自己人生不免一死,要注意此生的品行修为。蒙田[1]则认为我们的房间应该要有一扇可以俯视墓地的窗户,那会让一个人的头脑保持清醒。这些伟大的思想家们穿越历史的长河以不同的方式提醒我们,**虽然死亡可以从肉体上摧毁我们,但死亡也能从精神上拯救我们。**

此话怎讲?关于死亡的观念如何能拯救我们?让我们细细道来。

"如何"与"如是"的区别

20世纪的德国哲学家海德格尔澄清了"如何"与"如是"之间的辩证关系。他指出了两种不同类型的存在:非本真的存在(everyday mode)和本真的存在(ontological mode,onto=being,意为"存在",logical=study of,意为"研究")。具体来说,非本真

---

[1] 蒙田(Michel. de. Montaigne, 1553—1592)是法国文艺复兴后最重要的人文主义作家。在16世纪的作家中,很少有人像蒙田那样受到现代人的崇敬和接受;他是启蒙运动以前法国的一位知识权威和批评家,是一位人类感情的冷峻的观察家,亦是对各民族文化,特别是西方文化进行冷静研究的学者。代表作有《蒙田随笔全集》。——译者注

的存在是一种日常生活的模式。你完全地沉沦于周围的环境之中，追究世间万物为何如此（如何）。本真的存在则是指欣赏存在本身。你将注意力放在存在本身的奇迹上，追求事物的本来面目（如是）以及真正的自我。

"如何"与"如是"之间有着重要的区别。非本真的存在意味着沉溺于转瞬即逝的消遣，如美貌、风度、财富或名望；而本真的存在则意味着你不但觉知到存在与死亡，也对其他永恒不变的生命特性保持警醒，而且能够更热切、更乐意地去做一些有意义的改变。你会迅速承担起人类的根本职责，创造出一个投入、丰富、充满意义以及自我实现的真实人生。

许多研究表明，直面死亡能够引发戏剧化的长久改变，这有力地佐证了以上观点。我曾与濒临死亡的晚期癌症患者密切接触，长达十余年。我发现他们中的许多人，非但没有陷入麻木的绝望，反而产生了积极而深远的改变。这些人放弃了生活中无关紧要的琐屑之事，重新安置了人生的重心；他们主动选择不做违背心意的事情；他们花时间与至亲至爱更深地交流；他们对生命中原本平常的事物，比如变幻的四季、美丽的大自然以及节日或是新年的来临等充满感恩。

许多研究还表明，这些晚期癌症患者不再对其他人感到恐惧。他们有勇气去冒险，而很少会担心被拒绝。我的一个病人幽默地说："癌症治好了神经症。"另一个病人则告诉我："太遗憾了。我直到现在，直到身体里长满了癌细胞，才知道应该怎么活！"

在生命的最后一刻觉悟：
托尔斯泰笔下的伊凡·伊里奇

在托尔斯泰的小说《伊凡·伊里奇之死》中，傲慢、狭隘、自私的中年官员伊凡·伊里奇得了绝症，疼痛一直折磨着他。当死亡临近时，他才意识到自己将全部人生都用来追求名誉、外表和金钱，不过是借此逃避死亡必将到来这个不争的事实罢了。伊凡·伊里奇开始对那些毫无根据地说他会康复的人充满愤怒，他们还要让他这一生的错误继续下去。

在和自己的内心深入交谈之后，他清醒地意识到：他死得如此糟糕，正是因为他活得如此糟糕。他的整个人生都错了。为了逃避面对一死，他竟然没有让自己好好活过。他觉得自己的人生就好像平时坐在火车车厢里，当他以为自己在前进时，却是在后退。现在，他终于开始真正觉知到自己。

随着死亡逐渐逼近，伊凡·伊里奇发现自己其实还有时间。不仅是他，所有的生命都会面临死亡。他发现了自己的同情心，那股来自心灵深处的全新感受。伊凡对他人怀着温柔：当小儿子亲吻他的手时，当仆人充满关爱地照料他时，甚至，对他年轻的妻子，伊凡也第一次感受到了那份柔情。他对他们充满了愧疚，为他曾经带给他们的痛苦感到愧疚。最终他没有在疼痛中死去，而是在充满柔情的愉悦之中安然阖眼。

托尔斯泰的这部小说不仅是令人过目难忘的文学名著,而且给我们上了很有教育意义的一课。任何想要安然面对死亡的人都该读一读这本书。

如果这种"存在觉知(mindfulness of being)"的确能引发重要的个人改变,那么,如何由关注日常琐事的生存模式逐渐转变为能引发改变的生存模式呢?只是默默期待或暗自咬紧牙关是无济于事的,动人心魄或难以平复的体验才可以引发人们的真正觉醒,把他们从日常琐事中拉出来,拉进本真的存在之中。这就是我所说的"觉醒体验"。

但是,在我们的平淡生活中,去哪里找"觉醒体验"呢?毕竟你我这样的普通人没有什么机会面对行刑队或是和"未来之灵"一起去未来观光。不过,从我个人的体验来说,一些重大的生活事件常常能够引发觉醒体验。这些生活事件包括:

- 丧失身边亲爱的人
- 患有危及生命的疾病
- 亲密关系的破裂
- 一些重要的生命里程碑,如五十、六十、七十大寿等
- 重大创伤,如遭遇火灾、强奸、抢劫等
- 子女离家(空巢期)
- 失业或更换职业

- 退休
- 搬至敬老院
- 能够传达内心深处讯息的有影响力的梦

以下所有的故事都来自本人的临床实践，它们将向你展示不同形式的"觉醒体验"。所有我在治疗中使用的方法同样适用于其他人，你可以稍加改善用于自我反省或是帮助身边的人。

伤逝引发的觉醒体验

悲痛和丧失常常使人觉醒，让人真正体会到自身的存在。下文中的三个案例虽然各有不同，却都说明了这一点：艾丽斯新寡，她不得不面对丧夫之痛和搬去敬老院的困扰；朱丽叶因朋友的意外死亡备感悲伤，朋友之死也引发了她自身的死亡焦虑；詹姆斯多年以来将哥哥去世的痛苦深埋在心里……

世事永无常——艾丽斯的故事

我给艾丽斯做治疗已经有很长时间了。多长时间？所有习惯了当代短期治疗的年轻读者，请在椅子上坐稳了——三十年！

当然，这三十年并非连续治疗（不过有些病人的确需要多年持续不断的心理支持）。艾丽斯和丈夫亚伯经营着一家乐器行。

她最早在50岁的时候,因为和儿子以及几个朋友、客户产生了紧张的冲突而来寻求治疗。我们做了两年的一对一治疗,此后又进行了三年的团体治疗。她在这五年里进步了很多,不过,在接下来的二十五年里,她好几次因面临人生危机而来寻求我的帮助。我和她的最后一次面谈发生在她去世前不久的床边,那时她已经84岁了。艾丽斯教给我很多东西,尤其是如何面对充满压力的人生暮年。

以下的故事发生在最后一个阶段的治疗中,那时艾丽斯已经75岁了。这个阶段的治疗一共持续了四年。艾丽斯来就诊的原因是由于她的丈夫亚伯患上了阿尔茨海默病[1],她需要心理支持。毕竟,没有什么比目睹自己的人生伴侣一步一步、不断地丧失生命力更让人痛苦了。

艾丽斯经历了丈夫患病以来每个残酷的阶段:一开始,亚伯丧失了短时记忆,他开始丢失钥匙和钱包,忘记把汽车停在了哪里,而艾丽斯则毫无目标地在整个城市里四处奔走,寻找那丢失的汽车;接下来,他开始在小区里漫游,需要警察才能把他护送回家;再接下来,他开始不讲个人卫生,完全地陷入了自我的世界里,甚至不能理解周围的一切。到最后,最可怕的事情发生了:在亚伯55岁的时候,他再也认不出艾丽斯了。

---

[1] 阿尔茨海默病是一种病因未明的原发性退行性脑变性疾病。多发于老年期,潜隐起病,缓慢不可逆地进展(2年或更长);以智能损害为主。——译者注

亚伯去世后，我们的工作重点转移到了哀伤辅导方面，尤其针对她在悲痛和解脱这两种情绪之间的挣扎——她的悲伤来自于失去了从年少时便开始相知相爱的丈夫，而她的解脱来自于终于卸下了用全部时间照顾一个其实已经不再熟悉的陌生人的重担。

在葬礼后的几天，艾丽斯的家人和朋友们开始回到他们自己的生活里，留下她一个人独自面对空荡荡的房间。一种新的恐惧骤然增长：她害怕有人会在夜间闯入家里。其实，她家周围的环境并无改变，那个中产阶级小区像以往一样安全可靠。她和邻居们互相熟悉，彼此也很友善，其中有一个警察就和她住在同一栋楼里。艾丽斯可能是因为丈夫的去世而感到毫无保护，虽然亚伯已经多年无法动弹了，但他的存在本身也能给艾丽斯带来安全感。但最终，还是一个梦让艾丽斯了解到自己这种恐惧的真正来源。

> 我坐在水池边上，双腿泡在水里。水里有大片大片的叶子漂过来，让我毛骨悚然。我能感觉到它们扫在我的腿上。即使是现在，想到这些仍然让我觉得不寒而栗。这些叶子是椭圆形的，又黑又大。我努力用脚划水，想把那些叶子推开，但是我的腿上绑了沙袋，非常沉重。也许绑的是石灰袋，我不知道。

"就在这时候我惊醒了，尖叫起来。"她说，"接下来几个小时，我都不敢再睡，害怕回到那个梦里。"

艾丽斯对这个梦的一个联想揭开了它真正所要传达的讯息。

"石灰袋?这让你想到什么?"我问。

"埋葬。"她回答说,"在伊拉克,人们不就是用石灰来填墓穴吗?在伦敦得黑死病的人也是这么埋的。"

艾丽斯所恐惧的夜间"入侵者"其实是死亡——她自己的死亡。亚伯的去世使得她独自一人站在了死亡面前。

"如果他会死,"她说,"我也会,一定会。"

亚伯去世几个月之后,艾丽斯决定从她住了四十年的老房子里搬出来,去养老院,在那里,过度紧张且视力衰退的她会得到很好的照顾和医疗看护。

现在艾丽斯正因为该如何处置她的财产而变得心事重重,都没空再想其他事情了。她得从有着四间卧室的大宅子搬到养老院的小公寓里,这意味着她必须处置各种家具、纪念品以及他们珍贵的乐器收藏。艾丽斯的儿子向来漂泊不定,如今他在丹麦工作,住在一间小小的公寓里,也没有地方来放这些东西。因此,她必须做出痛苦的选择,尤其是得处置那些她和亚伯花了一辈子时间精心收集的珍贵乐器。在这孤独的日子里,她似乎能够听见祖父拨动着保罗·泰斯托雷[1]在1751年制作的大提琴的和弦,听见丈夫弹奏着他最爱的1775年制作的英国古钢琴,当然,还有那婚

---

[1] 在1650年至1750年期间是意大利提琴制作的黄金时期。保罗·安东尼欧·泰斯托雷(Paolo Antonio Testore)是活跃于约1750~1760年的米兰学派制琴大师。——译者注

礼上父母送给他们的六角手风琴和竖笛。

房间里的每一样东西都记录着对她来说独一无二的回忆。她告诉我这些东西一旦移交给了其他人，他们既不知道它们的历史，也不会像她那样珍惜它们。当她死去时，那些拨弦键琴、大提琴、长笛、小哨等所有乐器里珍藏的回忆都将烟消云散，以往的一切都会随她而去。

艾丽斯搬到养老院的日子渐渐临近了，那些她无法保留的家具、纪念品、乐器等被一件一件地卖掉，要不就是送给了朋友甚至陌生人。房间逐渐空了，她的慌乱和无所适从也与日俱增。

由于新房主计划全部翻修，他们坚持要求整栋房子必须清空，甚至连书架都得搬走。当艾丽斯看着书架从墙上卸下来时，她很诧异地发现背后一块墙面漆是淡青色的。

淡青色！艾丽斯心头一震，突然回忆起了这如同知更鸟蛋壳的颜色。四十年前，当她刚刚搬到这个宅子里来的时候，这墙面正是这种颜色。这些年来，她第一次想起当初与卖给她这栋宅子的女人相遇的场面，想起那个悲伤的寡妇痛苦的脸。那个女人就像如今的她一样，痛恨离开自己曾经的家。

人世匆匆，她自言自语地说。毫无疑问，她当然知道人生苦短，世事无常。她曾参加过为期一周的冥想课程，在课上反复吟诵"无常"这个词的巴利语[1] "Anicca"。但是，任何时候"知道"和

---

[1] 古印度的一种语言，现已成为佛教的宗教语言。——译者注

"体会"总是大有不同。

现在，她真切地意识到自己也处于无常之中。就像这栋房子先前所有的主人一样，她也只是匆匆过客。并且，房子本身也属无常，总有一天它也会腾出地方来给其他的新房子。对于艾丽斯来说，放弃所有物品搬到养老院的过程是一次觉醒体验。以前，她总是活在富足又精致的温室里；现在，她才知道自己不过是在通过追逐物质的丰腴来逃避存在的空虚。

在接下来的一次治疗中，我朗读《安娜·卡列尼娜》中的段落给她听，就是安娜的丈夫卡列宁意识到自己的妻子真的将要离开他时的那一段：

> 每次当他遇到麻烦时总是选择逃之夭夭。现在，他的感觉就好像一个人正在安安稳稳地过桥，却突然发现桥断了，桥下是无底的深渊。可怕的是，那深渊才是生命本身，断裂的桥只不过是他一直以来生活于其中的虚假世界。

现在，艾丽斯同样瞥见了支撑着人生的光秃秃的脚手架，还有脚手架下面无穷无尽的虚空。托尔斯泰的文字之所以能帮到艾丽斯，部分是因为她的经历和小说主人公有类似之处，艾丽斯觉得感同身受，有所触动；部分是因为我如此煞费苦心地挑选一些我最喜欢的托尔斯泰小说段落念给她听，促进了我们之间的关系。

在艾丽斯的案例里涉及几个观念，它们在本书的其他部分将会重复出现。首先,艾丽斯丈夫的去世引发了她自身的死亡焦虑。这种焦虑被外化,转化成艾丽斯对想象中的"入侵者"的恐惧,然后又变为梦魇,最后在哀悼丈夫的过程中变得更加明显。艾丽斯意识到"如果他会死,那么,我当然也会"。所有这些经历,再加上艾丽斯亲自处置那些珍贵又充满回忆的家当的过程,使得她走入本真的存在方式,而这最终让她的生活发生了非常有意义的改变。

艾丽斯的父母早已去世,如今她一生的伴侣也离开了人间,这使得艾丽斯不得不面对自身岌岌可危的存在——毕竟,没有人再能挡在她和坟墓之间了。但这种经历并非不同寻常。在本书中我将多次提到,哀悼本身所具备的一个不受欢迎但又普遍存在的部分便是,生者必须直面自身的死亡。

这个故事的尾声出人意料。当艾丽斯必须离开自己的房子搬到养老院去的时候,我提醒自己:她可能会陷入更深,甚至难以挽救的绝望之中。结果两天之后,她迈着轻快活泼的步子走进治疗室,坐在椅子上,这实在让我吃了一惊。

"我很开心!"她说。

这么多年以来,我和她的会面从来不曾以这样一句话开始。到底是什么原因呢?(我总是教导我的学生,了解病人为何感觉良好与为何感觉不好同样重要。)

她的开心源自早年尘封的经历。原来,艾丽斯从小被父母领养,一直和其他孩子共同住在一个房间里。后来她很早就结婚了,搬进了丈夫的家里,因此从来不曾拥有一间她所渴望的只属于自己的房间。年轻时,她还被弗吉尼亚·伍尔芙的《一间自己的房间》[1]深深地打动过。艾丽斯说,80岁时,她终于在养老院里有了一间属于自己的房间,这真让她高兴。

不仅如此,艾丽斯还觉得自己有了一个新的机会来重新过一遍早年的生活。那时候她一个人,孤孤单单的,一切都靠自己。这次她终于可以让自己完全的自由自在,随心所欲。只有那些和她非常亲密,了解她的过去和她潜意识里的重大情结的人才能理解这样一个结果——对存在问题的反思被个人过去的无意识情结所占据了。

另一个给她带来幸福感的因素是那份解脱感——处置了老房子以及所有家当,对她来说既是损失也是放下。她的收藏的确非常珍贵,但也使得她背负着沉重的回忆,因此离开它们就像破茧重生一样。如今她和过往挥手作别,有了新的房间、新的面貌和新的起点,在80岁时开始了全新的人生。

---

[1] 英国女作家弗吉尼亚·伍尔芙(Virginia Woolf)出生于1882年,卒于1941年。她被认为是二十世纪现代主义与女性主义的先锋之一。《一间自己的房间》是伍尔芙基于她1928年为剑桥大学的女生所做的"女性与小说"系列讲座创作而成,被誉为女性创作和女权主义作品的典范。作品从历史与现状分析中提出女性在男权为尊的社会受歧视、受压迫的现实,分析了产生男尊女卑这一状况的诸多原因。在此基础上,伍尔芙提出了女性摆脱受压迫地位、争取女性独立与解放的途径,展望了男女平等、和谐发展的美好前景。——译者注

死亡焦虑改头换面——朱丽叶的故事

朱丽叶是一位49岁的英国治疗师,现居马萨诸塞州。她在前来加利福尼亚旅行的两周之内和我进行了几次面谈,希望能处理她在先前治疗中不曾解决的一个问题。

原来,朱丽叶的一位密友去世两年了。自那时起,她不但无法从痛失友人的悲伤中摆脱,而且产生了一系列症状,严重地影响了她的正常生活。她变得过分关注自己的身体健康,任何小小的疼痛或是痉挛都会让她惊慌不已,立即打电话给私人医生。并且,她变得不敢参加以前所热衷的许多运动,比如滑雪、滑冰、潜水,任何有一点点风险的活动她都不敢尝试。甚至,朱丽叶连开车都觉得不舒服,在登上来加利福尼亚的飞机之前还不得不服用安定。很明显,友人之死激起了她内心经过改头换面的极大的死亡焦虑。

接下来我开门见山,询问她从小到大对于死亡的认识,了解那些真正发生过的事情。我得知,朱丽叶和我们大多数人一样,当她还是个孩子的时候第一次注意到了死亡。她发现了死去的鸟儿和昆虫,也参加了祖父母的葬礼。虽然朱丽叶不记得第一次意识到自己必将死亡时的场景,但是她想起青春期时她有一两次想到过自己的死亡:"就好像下面有个陷阱在等着你,一旦掉下去便陷入了永恒的黑暗之中。我对自己说,我最好再也不要去那里。"

"朱丽叶,"我说,"让我问你一个非常简单的问题。为什么死亡这么可怕?具体来说,到底是什么吓着你了?"

她立即回答说:"如果死了我就什么都不能做了。"

"那又怎么样呢?"

"看来我得告诉你我以前做画家时的经历。我最初的职业是画家。每个人、每个我遇到的老师都说我在这方面极有天赋。不过,我虽然在青少年时期获得了很大的荣誉,但我决定学心理学后就把画画完全放弃了。"

然后她自己纠正说:"不,也不能说是完全放弃。我总是在构图或着色,不过从来没有完成过。画了几笔之后,我把它们随意堆在桌上。在我的工作间里,到处都塞满了没有完成的作品。"

"为什么呢?如果你喜欢画画并且开始动笔,为什么却没有完成呢?"

"因为钱。我很忙,个案排得非常满。"

"你能挣多少?需要多少?"

"嗯,大多数人都认为我挣得挺多的——我每个星期至少花四十个小时接待病人,有时更多。但我有两个孩子在私立学校上学,我得支付天价的学费。"

"你先生呢?我记得你曾告诉我他也是一位治疗师。他也如此努力地工作赚钱吗?"

"他每周也看这么多病人,有时候还更多。他赚得也比我多,因为他大多数时间都在做神经心理方面的测验,那更赚钱。"

"看起来你和你的先生赚得比需要的要多。但是你告诉我,是钱让你完全无法追求艺术?"

"嗯,是钱,但是是以一种奇怪的方式。你看,我和我先生总是在互相竞争,较量谁能挣得更多。我们没有公开承认,这种竞争也不太明显,但彼此心知肚明。"

"好吧,让我问你一个问题。假如一个病人走进你的治疗室,告诉你她很有天赋而且渴望创造性的自我表达,但她却无法创作,只因为她把所有时间都用来和丈夫竞争看谁赚的钱更多——即便这赚的钱早已超出实际所需。你会对她说什么?"

至今,我好像都能听见朱丽叶用清脆的英国腔回答说:"我会告诉她,你过得真可笑!"

在接下来的治疗中,我努力探索一种方法以帮助朱丽叶活得不那么"可笑"。我们探讨了她的婚姻关系中的竞争性以及那些搁置在旁尚未完成的作品的意义。我们讨论了一些重要的问题,比如幻想自己选择了完全不同的人生是否是在对抗从生到死一路走过去的宿命?也许,那些没有完成的作品给她带来了某种报偿,让她无法探寻自身天赋的极限所在?也许,她想让自己永远相信,只要她愿意,她就能做出伟大的成就。只要她想,她就可以成为杰出的画家——这种幻想显然有它吸引人的地方。但也许,从来就没有画家能够达到朱丽叶期望自己达到的水平。

朱丽叶被这个想法深深震撼了。她总是对自己不满意。她想起自己八岁时在学校黑板上看到过一句话,一直以来她把这句话作为座右铭来激励自己:

好上加好，永不停歇

越来越好，日日向前

朱丽叶的故事是又一个死亡焦虑改头换面，以隐秘的方式呈现出来的例子。她因为一系列症状前来寻求帮助，殊不知，这些都是死亡焦虑的精心伪装。另外，像艾丽斯的情形一样，症状都是在身边人去世之后出现。密友去世对于朱丽叶来说是一次觉醒体验，让她不得不直面自己的死亡。我们的治疗进展得非常迅速，在几次面谈之后，她的悲痛和恐惧得以化解；朱丽叶开始直面那些生命中没有完成的遗憾。

"可以谈谈你对于死亡具体害怕什么吗？"这是我经常问来访者的问题。每个人的回答各有不同，这些回答常常推动了治疗的进展。朱丽叶当时的回答是"所有的事情我都还没有做"——这也是许多人在反思或面临死亡时常常考虑的一个重要主题。也就是说，**对死亡的恐惧常常与人生虚度的感觉紧密相关。**

换句话说，你越不曾真正活过，对死亡的恐惧也就越强烈；你越不能充分体验生活，也就越害怕死亡。尼采简洁有力地将此概括为"圆满人生"和"死得其时"——就像希腊人左巴[1]所主张的那样："除了那烧毁的城堡，什么都别留给死亡。"萨特也在他的自传中写道："我平静地走向人生终点……让我把心脏

---

[1]《希腊人左巴》是20世纪希腊著名作家尼科斯·卡赞扎基的小说。——译者注

的最后一次跳动印刻在我最后一页作品上,死亡只能带走我的尸体。"

兄长之死的长期阴影——詹姆斯的故事

詹姆斯是一位四十多岁的律师,他因为一些较复杂的原因前来寻求咨询。他痛恨自己的职业;感觉无所依归、心烦意乱、难以入眠;饮酒过度;除了糟糕的婚姻之外再无其他亲密关系。在第一次面谈中,我根本没有从这一大堆麻烦——人际、职业、婚姻以及酗酒等——中找到任何一点与生之无常、死之有恒等存在问题有关的蛛丝马迹。

但在治疗中深层次的问题很快浮出水面。我注意到,每次当我们讨论到詹姆斯与别人疏离的关系时,总会在同一个点上停下来,那就是他的哥哥爱德华之死。爱德华在18岁时死于车祸,当时詹姆斯才16岁。两年之后,詹姆斯离开墨西哥来美国上大学,自此之后,他每年仅仅回家一次:他总是在每年的11月飞回瓦哈卡[1]去参加万灵之日的聚会,以此来缅怀自己哥哥。

还有一些话题几乎每次治疗中都会出现:人类起源和末世。詹姆斯相信末日论,还能够复述关于末日预言的经典。人类的起

---

[1] 11月1日是墨西哥的"幼灵节",祭奠死去的孩子;11月2日是"成灵节",祭奠死去的成年人。这两天通称为"鬼节",又称为"万灵之日"。墨西哥的土著居民印第安阿兹台克人认为,死亡既是生命的归宿,也是新生命的开始。因此,节日期间人们都要隆重地庆祝。瓦哈卡(Oaxaca)是墨西哥东南部的州。——译者注

源问题也深深地吸引着他，尤其是那些古老的苏美尔文献所持的观点。他认同这些观点，认为人类的祖先是外星人。

我发现和他讨论这些话题很困难，因为詹姆斯的悲伤实在难以触及，他对哥哥之死的情绪反应被掩蔽在麻木的外壳之下。关于爱德华的葬礼，詹姆斯唯一能记得的就是当时他到处张望，发现自己是唯一没有哭的人。甚至，在每年万灵之日时也是如此，他的人虽然在那里，魂却不知道飞到哪里去了。

死亡焦虑？这对詹姆斯来说不是问题，他觉得死亡一点儿也不可怕。事实上，他认为死是一件好事，甚至对此充满期待，因为这样他就可以和家人团聚了。

我从各种角度挖掘他对超自然的信仰，竭尽全力不表现出我内心极大的怀疑，以免激起他的防卫。我的策略是避免谈论具体内容（比如相信和否认外星人遗迹或飞碟遗骸为真各有什么理由），而是把关注点放在两个方面：一个是这些兴趣的心理意义；另一个是他对这些信仰的认识论，即他如何知道自己所知的（有哪些来源和证据是否充分）。

我非常想知道，他在名牌大学受到了良好的教育，为何却在这些如人类起源问题上完全无视学术研究的结果？坚持神秘的、超自然的信仰对他来说有什么好处？在我看来，这对他来说是一种毒害。这些信仰使得他更加孤立，因为他不敢和朋友分享这些，以免被大家看成怪物。

但所有努力都收效甚微，治疗很快就变得停滞不前。在我们面谈的过程中，詹姆斯显得非常疲惫，也没有耐心。通常每次治疗开始时詹姆斯都会提出一些质疑甚或无礼的问题，比如"医生，我们的治疗还要多长时间？""我差不多好了没？""我会不会成为一个永远无法结束治疗的病人，永远在付钱？"

终于，在后来的一次面谈中，他讲述了一个非常有用的梦。这个梦彻底扭转了形势。詹姆斯在那次面谈的前几天做了这个梦，它清晰地印在詹姆斯的脑海里：

> 我正在参加一场葬礼，有人躺在上面。牧师正在讲述保存尸体的技术。人们一一从尸体旁边走过，我也在其中。我知道那具尸体经过了很好的保存和化妆。我强打精神和人们一起移动。一开始，我看着他的脚，然后是腿，我的眼睛继续往上瞟，发现尸体的右手上绑着绷带。我继续往上看着他的头，知道那是我的哥哥爱德华。我觉得自己要窒息了，忍不住开始哭泣。当时，我有两种感觉，一开始是悲伤，后来又觉得释然，因为他的脸没有被毁，气色也挺好。"爱德华看上去不错。"我对自己说。我靠近他的头，弯下身来对他说："你看上去不错。"接下来，我坐在姐姐旁边，对她说："爱德华看上去还不错。"在梦境的最后，我独自坐在爱德华的房间里，开始看他的那本关于在罗斯韦尔[1]发现不明飞行物的书。

---

[1] 罗斯韦尔事件是1947年美国发生的不明飞行物坠毁事件。——译者注

这个梦并没让詹姆斯联想到什么。于是，我让他就这些意象进行自由联想。"看着你头脑中的这些画面，"我说，"想到什么就说出来。描述那些在你头脑中自然呈现的想法，尽量不要遗漏，也不要做任何判断。即使有些想法看上去有点儿傻或是毫不相关，也完全没有关系。"

"我看见一具插满软管的躯体。我看见一具尸体漂在充满黄色液体的池子里，也许是防腐剂。没有其他的了。"

"你的确在葬礼上看到爱德华的尸体了吗？"

"我不记得了。我想那次应该是封闭式的殡葬服务，因为爱德华的身体被车祸毁得厉害。"

"詹姆斯，当你回忆这个梦时，我看到你脸上的表情变幻莫测，好像有很多种。"

"这是一种奇怪的体验。一方面，我不想继续想下去，注意力慢慢涣散了。但是，另一方面，我又好像陷入这个梦里。这个梦好像有某种力量一样。"

我感到这个梦非常重要，有必要继续下去，于是问道："当你在梦里说'爱德华看上去不错'时你在想什么呢？这句话你重复了三次。"

"嗯，他看上去的确不错，肤色挺好，挺健康的。"

"但是，詹姆斯，他已经死了。一个死去的人看上去很健康这意味着什么？"

"我不知道，你觉得呢？"

"我觉得,他看上去不错其实是你内心太希望他还活着的表现。"

"我的头脑告诉我你是对的,但是话虽这么说,我还是体会不到。"

"假如一个人在16岁时失去了哥哥,车祸让他的哥哥体无完肤,我觉得这会对他的整个人生产生影响。也许是时候去体会一下那个16岁的小男孩的悲伤了。"

詹姆斯点点头。

"你看上去很难过,想到什么了?"

"我想起那时候妈妈接到电话说爱德华出事了。我听了一会儿,知道出大事了,就走到另一个房间。我猜自己是不想听下去。"

"拒绝听,也听不见,是你处理内心伤痛的方式。你否认、酗酒、烦躁其实都不管用。伤痛始终在那里,当你关上一扇门时,它总会去敲另一扇,这次它涌进了你的梦里。"

詹姆斯又点点头,我继续说:"梦的最后,那本关于罗斯韦尔不明飞行物的书呢?又让你想到什么?"

詹姆斯叹了口气,抬起头盯着天花板:"我就知道,我就知道你要问这个了!"

"詹姆斯,这是你的梦。你创造了这个梦,是你自己把罗斯韦尔和不明飞行物放入了梦里。它们和死亡有什么关系?它们让你想到什么?"

"这真是难以启齿。我是在哥哥的桌子上发现它的。葬礼结束后我读了这本书。我说得不大好,但它的大体意思是:如果我能确定我们到底来自哪里——也许是来自 UFO 和外太空——我就能活得更好。我就能知道我们为什么被带到这个星球上。"

在我看来,詹姆斯努力通过继承他哥哥的信仰体系来让哥哥继续"活着",但是我不能肯定这个推断是否对他有用,于是只是保持沉默。

这个梦以及我们对它的分析带来了治疗的转折。詹姆斯开始认真对待自己的人生和治疗,我们的治疗同盟变得坚固了。他不再讽刺我是点钞机,也不再总是询问治疗什么时候结束或是他是否会痊愈。詹姆斯现在知道,死亡在他的青年时代留下了深深的印记,痛失手足已经影响了他许许多多的人生选择,并且强烈的伤痛使得他一直以来无法反省自己,直面自己必然的死亡。

虽然他后来仍没有对超常事物失去兴趣,但是,他自身却发生了极大的改变:他突然完全戒了酒(而且没依靠酗酒康复课程);和妻子的关系也有了很大的改善。他辞了职,开始从事导盲犬训练——这可是一份造福于人、富有意义的职业。

重要决定引发觉醒体验

重要决定背后常常有其深刻的根源。每一次选择都意味着放弃,而每一次放弃都使我们意识到生命的有限和短暂。

敲定了,定下了——派特的故事

派特是一位45岁的股票经纪人,她离婚已经四年了,之所以走进咨询室是因为她在开始一段新恋情时遇到了麻烦。五年前,她正准备离婚时,曾经和我进行过几个月的咨询。现在,她又来寻求我的帮助,是因为她遇到了一位很有魅力的男士山姆。山姆对她也很有好感,但这却引起了她的焦虑大爆发。

派特说她现在陷入了两难之中:她爱山姆,却因不知是否该继续跟他交往而饱受折磨。促使她最终给我打电话预约咨询的原因是,她受邀参加一个派对,她的好友和商业伙伴届时都会出席,那么她是否该与山姆一起去呢?随着派对日益临近,她也越来越陷入挣扎之中,脑中反复思虑着这件事情,停都停不下来。

为什么会这样一团乱麻呢?在我们的第一次面谈中,我努力帮助她探索这种苦恼背后的意义,却毫无效果。于是我决定尝试较委婉的方法,引导派特进行想象。

"派特,试试看,闭上眼睛,想象你和山姆一起去参加派对。

你挽着他的手臂走进房间,许多朋友看着你们,朝你们走过来。"我停下来问她,"能够想象得出吗?"

她点点头。

"现在继续观看这幅画面,你的感觉自然会浮现出来。关注你的内心,告诉我你的感觉,任何感觉都可以。试着放松下来,告诉我在你脑海中呈现的任何东西。"

"哦,派对。我不喜欢这样。"她撇撇嘴。"我松开山姆的手臂。我不要别人看见我们在一起。"

"好的,继续。为什么不要呢?"

"我也不知道为什么。他比我还要大两岁,不过很英俊,职业体面,在社交场上表现大方。但是,我……我们将被看成一对……一对黄昏恋人。我被敲定了,被限制了,相当于拒绝了其他所有男人。也就是说,我的人生就这么定下了。"她睁开眼睛,"我以前没有想过这份犹豫背后的含义。现在想来,就像高中时那样,如果你别上了某个男孩子的联谊徽章,你就等于把自己和他串在一起,那同样意味着你就这么定下了。"

"多好的洞察。派特,还有其他感觉吗?"

派特再一次闭上眼睛,沉浸在幻想中:"我想到了我的婚姻。四年前的婚姻破裂,我很内疚。以前那次咨询让我知道并不是我毁了它,当时我们一起努力消除这份自责。但是真该死!它现在又回来了。婚姻失败是我的第一个人生败笔——此前我的一切都蒸蒸日上。当然,那段婚姻是结束了,结束很多年了。但是选择另一个男人说明那次破裂是真的。这意味着我再也回不去了，永远回不去了。那是已经过去的一个人生阶段，永远回不去了……消失的岁月。是啊，我以前好像也知道这些，但还是跟现在我领悟到的有点儿不同。"

派特的故事说明了自由和死亡之间的关系。选择困难常常可以追溯到更深层面的存在命题和个体责任。让我们来分析一下为什么派特如此难以抉择。

选择意味着放弃。每个"是"都暗含着"不"。一旦她与山姆被大家认定为一对，其他更年轻、更优秀的男人就得出局了。正如她所说，她不但是跟山姆联结在一起，而且整个人生也就这么"定下了"，再不会有其他可能。从无限的可能中选择其一有着负面含义：做出的选择越多，你的人生也就越有限、越短暂、越僵硬。

海德格尔曾把死亡定义为"未来的可能性不再有可能"。从这个角度来说，派特的焦虑——看上去很简单，不过是关于是否带一个男人去参加派对——实际上却是她内心深处的死亡焦虑在作祟。做出这个决定引发了觉醒体验：我们关注它的深层意义，这极大地提高了治疗的效率。

她现在很清楚地意识到，自己不可能再回到年轻时了。她曾提到离婚前自己的整个人生蒸蒸日上，但现在离婚的事实的确是无法改变了。派特逐渐接受了随选择而来的放弃。她把眼光放在了未来，很快和山姆确定了关系。

派特幻想自己一直在成长、进步、不断上升，这种心态其实并不少见。自从文艺复兴以来,西方文明关于历史进步的观念以及美国人对于进取心的鼓吹进一步强化了这种幻想。当然,有很多建构历史的方法,进步只是其中一种。比如古希腊人就不同意历史进步的观念,他们爱回顾自己的黄金时代,认为那个时代在过去的几个世纪里最为光彩夺目。也许,突然意识到"向上发展、不断进步"不过是个神话会让人感到十分震惊,但就像派特所体会到的一样,这也的确带来了观念和信仰的巨大改变。

重要生活事件引发觉醒体验

另一些更加普遍、琐碎却能够带来觉醒体验的诱因与重要生活事件(life milestones)有关,比如校友重聚、周年纪念、安排遗产和立下遗嘱,以及重要生日如五十、六十大寿等。

校友重聚

中学或大学校友重聚,尤其是三十年以上的聚会常常给参加者带来复杂的感受。没有什么比亲眼目睹当年的同学如今青春不再更让人深感岁月蹉跎了。如果再听到老同学去世的消息,难免更让人心生悲凉。有些聚会中,老同学们将自己年轻时的照片夹在襟前,大家彼此一边看一边比较照片上的脸和现在的面孔,试图在密布的皱纹里找到当初天真的眼眸。许多人都会忍不住想:

"这么老,他们都这么老了。我在这里做什么?我也和他们一样老了?"

对我来说,同学聚会就像是给我从三十年、四十年甚至五十年前开始读的故事书写结局。同学们有着共同的过去,彼此之间有着非常深厚的感情。他们在你年轻时就认识你了,那时候你还没有戴上世故的面具,也不是一个懂得掩饰自己的成人。也许,这就是同学聚会总会带来数量惊人的新姻缘的原因。老同学彼此信任,旧情人重燃爱火,所有人都参与了这场开幕已久的戏,让无尽的希望永不落幕。因此,我鼓励病人参加同学聚会,并记下自己在聚会上的种种反应。

遗产安排

毫无疑问,遗产安排会引发对存在问题的反思。在这个过程中,你需要讨论自己的死亡、继承人,考虑一生累积的财产和金钱如何处置。这总结自己一生的过程会带来很多思考,比如我到底爱谁?不爱谁?谁会真正思念我?我应该对谁慷慨?此时回顾自己的一生,你必须以切实可行的方式来面对生命的终结、安排后事,以及未竟的事情。

我有一个病人得了绝症,于是他花费了好多天来查阅信箱,清除任何可能让家人不舒服的电子邮件。当他删除过去情人的邮件时,心里充满了悲伤。最终,所有的照片和文字如露水般蒸发无影,曾经的激情也随风而逝,而这一切不可避免地引发了存在焦虑。

生日和周年纪念

有意义的生日和周年纪念也可能引发觉醒体验。通常我们通过礼物、蛋糕、卡片、欢乐的聚会来庆祝生日，但是，我们到底在纪念什么？也许是试图抹去时光飞逝带来的悲伤。治疗师最好记下病人的生日，尤其是重要的寿辰，记得询问他们在这些日子里的感受。

对死亡主题保持敏锐的治疗师会发现它们无所不在。一次又一次，当我开始动笔写这本书的某一个章节时，那一天就会发生一个与主题相关的临床事件，却不是我刻意为之。以下的治疗片段正是在我动笔写觉醒体验这一章时发生的。

这是我第四次和威尔面谈。威尔49岁，是一名极度理性的律师。他前来寻求治疗是因为感到自己对工作丧失了热情，他为自己的才华不能充分发挥而深感沮丧（他以优异的成绩从名校毕业）。

一开始，威尔谈到，一些同事公开表示对他的不满，因为他做了很多公益性的工作，而那些营利性工作却做得不够。他花费了十五分钟描述自己的工作情况，之后终于谈到自己一直以来在团体里都不太适应。这些都是重要的背景资料，我把它们详细地记录了下来。但在这部分治疗中，我几乎一直沉默——除了向威尔指出，他在讲到自己份外的工作时显得比较有激情。

在短暂的停顿之后,他说:"对了,今天是我50岁的生日。"

"是吗?你感觉怎么样?"

"嗯,我太太有点儿重视过头了,今天晚上她安排了生日宴会,还约了朋友。但我不想这样。我不喜欢。我不想被过分关注。"

"为什么呢?被过分关注会怎么样呢?"

"任何赞美都让我感觉不舒服,我希望把那些赞美都擦掉,我心里有个声音会说,'他们其实并不懂我'或是'但愿他们能懂'。"

"如果他们的确懂你,"我问,"他们会了解到……什么呢?"

"其实我也不了解自己。不仅接受赞美会令我尴尬,让我去赞美别人我也会觉得为难。我没法理解那些赞美,我也不知道该怎么把它们说出口。我只能说,在它们底下有另一个完全黑暗的世界,让我无法靠近。"

"威尔,那个下面的世界里曾经冒出来过什么吗?"

"嗯,的确有一些东西。死亡。每次我读到关于死亡的书,尤其是读到孩子的夭折,我都会掉眼泪。"

"你在这里,和我在一起时,那个黑暗世界里也曾经冒出来过什么吗?"

"我想没有。为什么这么问?你想到什么了吗?"

"我想到我们第一次或第二次面谈时,你忽然间情绪爆发,泪水涌上你的双眼。你当时说你其实很少哭。完整的情景我记不大全了,你还记得吗?"

"毫无印象,我真的完全不记得有这件事。"

"我觉得这和你的父亲有关。让我查查看,"我走到电脑旁边,在威尔的案例记录文件中输入"眼泪"两个字进行查询,几分钟后我坐回了椅子上。"的确和你父亲有关,当时你难过地说,自己很后悔从来没有和父亲好好聊过,就在这时候你的眼泪突然涌了上来。"

"嗯,我想起来了……哦!天哪!我想起来了,昨天我做了一个和他有关的梦!刚刚我居然完全不记得做过这个梦!如果你今天一开始就问我昨晚有没有做梦,我肯定会告诉你没有的。嗯,梦里我在和爸爸,还有叔叔交谈。我爸十二年前就去世了,我叔叔还要再早几年。当我们三个人相谈甚欢的时候,我听见自己说:'他们都已经死了,都已经死了。不过不要担心,这很合理,在梦里这很正常。'"

"看起来,这个话外音试图让梦继续,让你留在梦里。你经常梦见自己的父亲吗?"

"从来没有。也许是我不记得。"

"今天我们快要超时了,威尔,但我仍要问你个问题。这和我们刚才谈到过的给予和接受赞美的话题有关。我想问你,在这里你也曾有过那样的感觉吗?在你我之间?一开始,当你谈到自己的公益性工作时,我赞美了你的激情,你当时没有回应。我想知道当我这样说时你的感觉如何,以及,你是否会觉得很难对我说好话呢?"(我在一小时的面谈中常常使用类似的"此时此地"

技术进行提问。)

"我不确定,我得想想。"他一边说,一边准备起身。

我补充说:"还有,威尔,告诉我你对今天的治疗感觉如何,对我的感觉如何?"

"很好的治疗,"他回答说,"你记得我在先前面谈中流泪的场景,这给我留下很深的印象。但我也不得不承认,刚才你问我当你赞美我或是我说你好话时有什么感觉,这些问题实在让我觉得不舒服。"

"嗯,我坚信这些不舒服的感觉将引导我们走向最好的治疗前景。"

在这次和威尔的面谈中,关于死亡的主题在我询问他的"黑暗世界"时出乎意料地自然呈现出来。通常我极少在治疗过程中从椅子上站起来去电脑上查询我的个案记录,但他如此理智,我必须牢牢把握住他难得流露出来的真实情感。

让我们来看看在整个治疗中涉及到的存在主题。首先,那天正好是他的五十大寿,重要的生日往往会带来内心复杂的情绪。其次,当我询问他更深层的心理时,我并没有引导他,他就令人吃惊地谈到自己每次读到关于死亡的书,尤其是孩子的死亡时,都会抽泣。最后,他突然想起的那个梦也完全出人意料,在梦里他正和死去的父亲、叔叔交谈。

一旦我们聚焦于那个梦,威尔很快意识到他内心隐藏着对死亡的恐惧和悲伤,无论是父亲的死,还是小孩的死,这背后隐藏的正是他自己的死亡。可以说，威尔之所以情感疏离正是因为他不想让自己被死亡所带来的情绪击垮。在之后的治疗中，他多次让情绪真正释放出来，我也帮助他开放地谈论那个"黑暗世界"，坦诚地面对在此之前不敢言说的恐惧。

梦引发觉醒体验

许多有意义的梦传递着人们内心深处的讯息，并且常常能够引发觉醒体验。以下这个梦来自一位年轻的寡妇，她正陷于悲痛的泥沼之中。丧失至爱使得人们直面自身的死亡，这便是一个生动的例子：

> 我在一间不太结实的夏日小屋的门廊后面，看见一只又大又恐怖的野兽正在门前几米处张开血盆大口等待着。我非常害怕，担心我女儿出事。我决定牺牲一些祭品来保护我的女儿，于是我用红格子布裹了一只小动物扔出了门外，野兽吞食了祭品却仍然待在那儿。它的眼睛像铜铃一样瞪着我。我才是它的猎物。

这位年轻的寡妇完全理解自己的梦。她觉得死亡（野兽）已经带走了她的丈夫，现在又要带走她的女儿了。但是，她很快又意识到自己才是猎物，是下一个，野兽来找她了。她试图通过一些裹在红格子布里的动物祭品来安抚野兽并转移它的注意力。不需要我的提问,她就想到了其中的象征含义:她的丈夫去世时穿着红格子的睡衣。但这野兽是无法安抚的:她仍是下一个猎物。澄清这个梦的意义使得整个治疗发生了极大的转折。她开始从突如其来的丧夫之痛中走出,转而关注自身生命的有限性以及她该如何活下去。

在教学中,我常常向年轻的治疗师指出觉醒体验并非什么奇特罕见的概念,它贯穿于整个临床实践中。因此,我花费了很多精力来教导治疗师们该如何识别并利用觉醒体验来进行治疗,比如,在下文马克的故事中,一个梦打开了觉醒之门。

哀伤之梦引发觉醒体验——马克的故事

马克是一位40岁的心理治疗师,他因长期焦虑并且间歇性地爆发死亡恐慌前来寻求治疗。第一次面谈,我就见识到了他是多么烦躁不安、情绪激动。七年前姐姐死后,马克的脑子里便塞满了关于姐姐去世的想法,一直心事重重。姐姐在马克青少年时期充当了母亲的角色。马克的亲生母亲在他5岁时得了骨癌,此后的十年里,她经历了多次复发,手术令她形容枯槁。十年之后,马克的母亲终于撒手人寰。

在马克二十岁出头时,姐姐却成了酒鬼,并最终死于肝脏衰竭。手足情深,在姐姐患病期间,马克多次飞越整个国家去看望姐姐,给予她帮助。但他仍然认为自己做得不够,他很愧疚,觉得自己应该对姐姐的死负责。他的自责根深蒂固,在治疗过程中,我遇到了很大的困难。

正如前文所述,几乎每一个哀伤过程中都酝酿着觉醒体验,并且最初通常以梦的形式出现。马克就常常做同一个噩梦,他梦见鲜血从姐姐的手上汩汩地涌出来,这引起了他幼年的记忆。当他5岁时,姐姐在邻居家不小心把大拇指伸进了电风扇里。他记得姐姐尖叫着在马路上狂奔,直到筋疲力尽,到处都是鲜血,如此猩红的鲜血,还有他和姐姐深深的恐惧。

他记得自己当时作为一个小孩子的想法(或者肯定曾经这么想过):如果他的保护者——高大、健康又能干的姐姐——实际上却是如此脆弱,不堪一击的,那么他确实有理由觉得害怕。如果她连自己都保护不了又怎么能保护他?这样的想法埋藏在他的潜意识里,等于在说:"如果姐姐死了,我也一定会死。"

随着我们越来越开放地讨论他对死亡的恐惧,马克显得越来越激动。在治疗室里,他经常在我们谈话时来回踱步。马克的一生都在漂泊,他给自己安排了一次又一次旅行,抓住一切机会去那些没有去过的地方。有个想法不止一次地掠过他的脑海,那就是:在任何地方扎根都会让他感觉自己像一个不挪窝的傻瓜,而他的人生,整个人生也不过就是在坐以待毙罢了。

经过一年艰难的治疗之后,马克做了以下这个很有启发性的梦,这个梦其实在引导他放下对姐姐去世的愧疚之情:

我上了年纪的叔叔和婶婶要去看望七平方米之外的姐姐。(这时候,马克要了一张纸,画下7×7的格子来代表梦中的图景。)他们准备穿过小河去看她。我本来也要去看她,但现在我手头有事情必须得做,于是我决定暂时留在家里。他们准备出发时,我想着要让他们带一份小礼物给姐姐。但直到他们发动车子时,我才想起自己忘了把一张卡片放进礼物里面,于是我追了过去。我还记得卡片的款式显得相当正式,甚至有点儿客套,上面写着"给珍妮,你的弟弟"。接下来,我在梦里以一种奇怪的方式看见姐姐站在河对岸的格子里,仿佛在招手,但我心里没有什么感觉。

梦中的意象非常明显。上了年纪的亲戚们去世了(在梦中过河),他们去探望七平方米之外的珍妮(珍妮死于七年前)。马克准备暂时待在家里,虽然他知道自己迟早要过河。他有事情要做,也知道自己必须放下姐姐才能更好地活着(就像梦中那张放在礼物中的卡片所显示的一样,并且他看见姐姐在对岸向他招手并没有因此觉得痛苦)。

这个梦是马克开始改变的先兆。治疗真正产生了效果,他对往事的自责逐渐减轻,能够沉下心来投入自己的生活和工作中了。

梦同样也为我的其他病人打开了心门,比如下文中的退休医生雷，还有在治疗接近尾声时获得觉醒体验的凯文。

退休的外科医生——雷的故事

　　雷是一位68岁的外科医生。他快要退休了，却为此一直焦虑不安，因而来寻求治疗。在我们的第二次面谈中，雷讲述了一个短短的梦的片段：

>　　我去参加一个同学聚会，也许是六年级的同学聚会。我走进大楼，发现班级集体照挂在入口处。我仔仔细细地看了很长时间，找到了全班每个同学的面孔，唯独没有我自己的。我找不到自己了。

　　"梦中的感觉怎么样？"我问。（这通常是我问的第一个问题，它能够非常有效地澄清梦者在整个或一部分梦中的情绪。）

　　"这很难说，"他回答说，"梦很沉重，或者说是悲伤，反正是不开心的。"

　　"这个梦让你想到什么？你现在还能在脑海中看到这个梦吗？"（梦越鲜明，病人的联想也就越能提供有用的信息。）

　　他点点头。"嗯，主要是一些画面，我看得很清楚。虽然很多面孔认不出了，但我肯定自己不在里面，我找不到自己。"

　　"你觉得为什么会这样呢？"

　　"不确定，大概会有两种可能。一个是，我觉得自己从来不是那个班级的一部分——也许在任何班级里都是这样。我从来不讨人喜欢，总是局外人，除了在手术室里的时候。"他停顿了。

"那另一个可能呢？"我引导他继续说下去。

"嗯，这很明显是指，"他的声音变得低沉，"全班同学都在照片上而我却不在，也许这意味着或者预示着我死了？"

梦通常呈现了丰富的素材并提供了好几个可能的治疗方向。例如，在上面这个梦里，我可以继续挖掘病人的缺乏归属感、不受欢迎、没有朋友、除了手术室在哪里都感觉不对等问题，也可以聚焦于他自己的话"我找不到自己了"，关注他与核心自我如何失去了联结，关注他内心不满意的感觉还有他希望此后的人生过得有意义、有追求的需要。梦提供了接下来一年的治疗计划，我们的工作针对这些主题一一进行。

但是，在所有的这些素材中，我尤其关注的是雷在照片中的缺席。他对自己死亡的看法可能是最重要的主题。而这两者密切相关，毕竟他是一位68岁的老人，而且面临退休，才来寻求治疗。任何考虑退休的人都会隐约想到死亡，这些想法从梦中呈现出来的情况并不少见。

治疗结束引发觉醒体验

关于治疗结束的梦——凯文的故事

经过十四个月的治疗,在最后一次面谈中,40岁的工程师凯文周期性的死亡恐惧发作已经基本痊愈。他做了这样一个梦:

> 在一个很长的建筑物里,我不知道被谁追赶着。我很害怕,一直顺着楼梯往下跑,跑到了一个类似于地下室的地方。这时候,我看见一小股沙子从天花板上流下来,就好像是沙漏。这里很黑,我继续往前走,却发现没有地方可以出去。突然,在地下室的走廊尽头,我看见仓库的大门轻轻地打开了,虽然我觉得非常害怕,却依然朝那扇门走了过去。

这个黑暗的梦感觉怎么样呢?"我觉得恐惧而且沉重。"而当我询问凯文这个梦让他联想到什么时,他却几乎什么都想不起来。这个梦对他来说好像是一片空白。从存在主义治疗的视角看,我觉得结束治疗以及中断我们的治疗关系可能引发他对于丧失和死亡的反思。梦中的两个意象引起了我的注意:像沙漏一样流下来的沙子和仓库大门。我没有直接说出我对于这些意象的观点,而是引导凯文对它们进行联想。

"沙漏会让你想到什么?"

"想到时间。时间飞逝,人生已经过去一半了。"

"仓库呢?"

"放尸体的仓库,停尸房。"

"这是我们最后一次治疗了,凯文,我们在这里的时光也飞逝而去了。"

"是的,我也正在这样想。"

"停尸房和死去的尸体。嗯,几个星期以来你都没有再提到关于死亡的话题了,但是这正是你最初来寻求治疗的原因,看上去结束治疗又把这个老话题带回来了。"

"是的,我正在想我们是否真的准备好结束治疗了。"

有经验的治疗师知道不用太在意这类问题以至于延长治疗。从治疗中获益匪浅的病人通常在结束治疗时都会非常矛盾,有时还会出现症状复发的情况。有人曾经把心理治疗比作循环:同样的问题一次又一次地发作,每次都会引发个人极大的改变。于是我对凯文建议说,我们仍然按计划结束咨询,但是两个月后还会有一次跟踪面谈。在那次面谈中,凯文状况很好,他正在把治疗中的收获带到自己的生活中去。

从伊凡·伊里奇的临终感悟到癌症病人的濒死经历,再到看似不起眼的日常生活片段(比如生日、服丧、同学聚会、梦、空巢期等),觉醒体验都能使人们真正觉悟。如果朋友或治疗师对这些存在问题非常敏感,那么他们也可以帮助推动人们的觉醒状态(我希望读者从本章中已经领会到这点)。

请记住以下这句要点:**直面死亡会引发焦虑,却也有可能极大地丰富你的整个人生**。觉醒体验可能感觉很震撼但往往比较短暂。因此,本书第四章将讨论接下来如何将这种一时的感触转化为持久的觉悟,从而减轻死亡焦虑,丰富人生体验。

Power of Ideas

第四章
观念的力量

观念虽然看不见、摸不着，却有着神奇的力量。许多伟大思想家和作家的洞见穿越千百年的历史，能够帮助我们面对死亡焦虑，发现有意义的生活道路。在本章中，我将介绍一些经我的心理治疗实践证明对饱受死亡焦虑折磨的病人非常有效的观念。

伊壁鸠鲁和他的大智慧

伊壁鸠鲁认为，哲学的任务是帮助人们减轻痛苦。那么，人类痛苦的根源是什么呢？伊壁鸠鲁认为，毫无疑问，正是无处不在的死亡恐惧。

伊壁鸠鲁认为，人们对不可避免的死亡所产生的恐惧影响了我们享受生命的欢娱，剥夺了人生真正的快乐。由于没有什么能满足我们追求长生不死的需要，那么所有的行为从本质上来说都是没有价值的。他写到，许多人因此对人生充满仇恨，甚至颇具讽刺意味地选择自杀，另一些人则沉溺于狂乱和迷茫之中，以此来逃避存在的真相，逃避在前方等待着我们每个人的最终宿命。

伊壁鸠鲁提出,人们无休止地热切追求新奇的事物,永不满足,其实正是在心底储存欢乐时光。如果我们能够学会一次又一次地回味这些美好,也就不再需要没完没了地追逐享乐。

据说,伊壁鸠鲁将自己的见解付诸行动之中。临终前(他死于肾结石并发症),尽管他疼痛难忍,却能通过回忆和朋友、学生之间令人愉悦的交谈来保持内心的平静。

这是伊壁鸠鲁的天才所在。他已经预见到当代关于无意识的观点,强调大多数人在意识层面并未觉察到自己的死亡焦虑。死亡焦虑被那些经过伪装、改头换面呈现出来的表面现象所取代,如狂热的宗教信仰、痴迷于累积财富以及盲目追求名望等,因为这些都可以提供给人们所谓的"不朽"。

那么,伊壁鸠鲁认为该如何减轻死亡焦虑呢?他提出了一套组织精妙的论述,后来由他的学生整理为问答集流传了下来。这些论点中有许多在过去的两千三百年间被反复讨论,始终与征服死亡恐惧息息相关。在本章中,我将讨论他的三个最著名的论点,这三个论点对于我个人减轻死亡焦虑以及针对许多病人进行临床工作都非常有帮助。

1. 灵魂的死亡
2. 完全虚无的死亡
3. 生前与死后,对称的两极

灵魂的死亡

伊壁鸠鲁教导人们，灵魂终有一死，它将随着身体的死亡消失。这个结论与比他早了约一百年的苏格拉底的看法完全不同。苏格拉底坚信灵魂的不朽，寄希望于在死后与志同道合的人们形成永恒的团体，一起分享他对真理的研究。在这样的信仰中，苏格拉底获得了心灵的慰藉。他的许多观点在《柏拉图对话录》之斐都篇（Phaedo）中有完整的描述，后来又被新柏拉图主义者采纳，最终对基督教的来世论产生了巨大的影响。

伊壁鸠鲁大力抨击当时的宗教领袖。这些宗教领袖致力于扩大自己的权势，警告信徒如果不遵循他们那些特定的规条就会在死后被惩罚，这反而增加了信徒的死亡焦虑。（在接下来的几个世纪中，基督教的圣像画对死后地狱审判的描绘极大地强化了死亡焦虑，比如15世纪博斯（Hieronymus Bosch）[1]的画作《最后审判》就是一幅描绘地狱之恐怖的作品。）

伊壁鸠鲁坚信，如果我们死时灵魂也随之消亡，我们就不需要害怕死后的世界。到那时，我们没有意识，对逝去的生活就不会有遗憾，更不需要害怕神。他并未否认神的存在（这个观点在当时非常危险，不到一个世纪之前，苏格拉底就因此被当做异端处死），但认为神并不会注意到人类的日常生活。所谓的神只是

---

[1] 博斯（1450—1516），荷兰画家。——译者注

人类用来顶礼膜拜，以此获得内心平静与现世洪福的泥菩萨而已，它们也只在这方面对人类有用。

完全虚无的死亡

伊壁鸠鲁的第二个论点指出，既然灵魂在肉体死亡时同样死去，烟消云散，死对我们来说也就无所谓。我们感觉不到那分解掉的东西，任何感觉不到的东西也就和我们没有关系。换句话说：当我活着的时候，无所谓死亡；当我死去的时候，我已经不存在了。因此，伊壁鸠鲁认为，为什么要害怕那些我们永远也感觉不到的死亡呢？

伊壁鸠鲁的观点有力地反击了伍狄·艾伦[1]关于死亡的妙语——"我并不害怕死亡，只是当死亡发生时我不想在场"。伊壁鸠鲁的意思是，我们并不知道死亡什么时候会发生，因为死亡和"我"永远不会同时存在。既然我们死了，我们就不会知道自己死了，那么，死又有什么可怕的呢？

生前与死后，对称的两极

伊壁鸠鲁的第三个论点指出，我们死后"不存在（nonbeing）"的状态与出生之前一样。关于这个古老的问题有很多哲学论辩，但我觉得伊壁鸠鲁的观点最能够为濒死的人们带来心灵的慰藉。

---

[1] 美国著名电影导演，描摹人间喜剧的大师。——译者注

历史上曾有许多人一再提到这个观点，却没有人能像俄国著名小说家纳博科夫在他的自传《说吧，记忆！》中写得那么漂亮，他在此书开头这样写道：

> 摇篮在深渊上晃动。常识告诉我们，我们的存在只是一束短暂的光亮，夹在两方永恒的黑暗之间。这两头的黑暗其实并无差别。但人们能平静地接受出生前的黑暗，却不愿（数着每小时4500次的心跳）面对那日益临近的另一头。

许多次，我想到生前和死后其实并无差别——我们对死后一方的黑暗充满恐惧，却很少想到出生前的黑暗——这样想让我觉得心里得到了安慰。一位读者寄来的电子邮件中也包含了类似的看法：

> 现在，我想到死后将失去知觉，多少觉得有些安慰。这是看上去唯一合理的结论。当我还是个小孩子的时候，我就觉得按照逻辑，人死后一定是回到出生前了。所谓的死后世界和这个结论相比显得既不和谐又令人费解。我没法让自己相信所谓的死后世界。因为永恒的存在，无论是愉快的还是不愉快的，都比有限的存在更让我觉得可怕。

一般来说，对于那些深受死亡恐惧困扰的病人，我都会在治疗刚开始时向他们介绍伊壁鸠鲁的观点。这既向病人介绍了对我们治疗工作的构想，又传达了我希望真正走进他们内心的愿望。也就是说，我希望真正了解他们内在的恐惧，让我们共同经历的这段旅程变得轻松一点。虽然有些病人觉得伊壁鸠鲁的观点与他们的问题毫不相关，有些虚无缥缈，但是大多数病人最终都从中获益，得到安慰——也许是因为这些观点提醒了他们问题的普遍性，毕竟，像伊壁鸠鲁这样的伟大的智者也曾为同样的问题苦苦挣扎过。

波 动 影 响

多年以来，我亲身实践如何面对个人的死亡焦虑，如何减轻生命无常的痛苦。我发现在那么多观念中，"波动影响"尤其有效。

"波动影响"是指我们每个人，即使没有意识层面的目标或这方面的知识，也都会形成中心影响力，影响周围的人许多年甚至许多代。也就是说，我们对其他人的影响会再传递给更多的人，就好像池塘中的涟漪一样一圈一圈地扩散出去，直到再也看不见；即便如此，在微小的分子层面这些波动依然在传递着。我们其实可以留下一些东西，留下一些自己也许并不知晓的东西。这样的观念为那些因生命有限、充满无常而觉得无法避免无意义感的人提供了一个很有说服力的答案。

"波动影响"并不需要在死后留下你的身影或芳名。我们中的许多人多年前在课堂上读到雪莱的诗篇《奥西曼提斯》时就知道这个方法不管用,那首诗写的正是一座伫立在古老土地上的残破的巨大雕像。

"吾乃万王之王是也,盖世功业,敢叫天公折服!"[1]

试图留下个人的名声总是徒劳无用的。一切都会转瞬即逝,无常无住。我这里所说的"波动影响"是指你在自己的人生体验中留下的一些你可能知道或是不知道的东西,比如某种特质、某些智慧、某些教导,或是你带给他人的舒适的感觉等等。下文中芭芭拉的故事将向你说明这一点。

"从她的朋友中找寻她的身影"——芭芭拉的故事

芭芭拉多年以来被死亡焦虑侵扰。后来,她讲了两件发生在自己身上的事情,这两件事明显减轻了她的焦虑。

第一件事发生在她三十年来头一次中学同学聚会上。在那次聚会上,她遇到了比自己略小一点儿的少年时期密友艾黎森。当

---

[1] 《奥西曼提斯》全诗如下:客自海外归,曾见沙漠古国,有石像半毁,唯余巨腿,蹲立沙砾间。像头旁落,半遭沙埋,但人面依然可畏。那冷笑、那发号施令的高傲,足见雕匠看透了主人的心,才把那石头刻得神情惟肖。而刻像的手和像主的心,早成灰烬。像座上大字在目:"吾乃万王之王是也,盖世功业,敢叫天公折服!"此外无一物,但见废墟周围,寂寞平沙空莽莽,伸向荒凉的四方。(王佐良译)——译者注

时艾黎森一看见她就向她跑过来，紧紧地抱着她又亲吻她，差点儿没让她窒息过去。艾黎森说，她非常感谢芭芭拉在她们都还只有十几岁的时候给了她那么多的指导。

芭芭拉早就凭直觉模糊地知道"波动影响"这个词的大致含义。作为一名中学老师，她很确定自己影响了她的学生，但这种影响和她在学生心目中形成的回忆是完全分开的。这次，芭芭拉与早已忘却的儿时伙伴重逢，使得她对"波动影响"有了更真切的体悟。她很高兴，也有些诧异地发现，自己当时的那些建议和指导依然留在儿时伙伴的记忆中。更让她感到震惊的是，在聚会后的第二天她见到了艾黎森13岁的女儿，小家伙对于能见到妈妈小时候的传奇朋友竟是如此激动。

后来，芭芭拉在家里重新回想起这次同学聚会时，她对死亡有了新的洞察。也许，死并不像她所想的那样，一切都会完全消亡；也许，让自己长命百岁或是让人们对她的回忆流传下去其实也没有那么重要。最重要的是，她的影响力依然存在。她的言行、她的思想所带来的"波动影响"能够使别人得到快乐，这让她深感自豪，并使她更有勇气去面对人生必死的痛苦，面对那些充斥于媒体和外在世界的恐怖和暴力。

这些想法在她经历第二件事情之后更加巩固了。那是在两个月之后，芭芭拉的母亲去世了。她在葬礼上进行了一段简短的发言。当时，母亲最喜欢的一句格言涌上了芭芭拉的心头："**从她的朋友中找寻她的身影。**"

这句话很有影响力。她知道母亲的慈爱、温柔以及对生活的热爱已经成为自己——母亲唯一的女儿——的一部分。当她在葬礼上发言，看着那些来参加葬礼的人时，她可以亲身感受到母亲的某些特质像涟漪一样扩散出去，影响到她的朋友，而她的朋友们又把这份影响继续传递给自己的孩子，乃至，孩子的孩子。

对于芭芭拉来说，从孩提时代开始就没有什么比死后的虚空更让她觉得害怕了。我向她介绍伊壁鸠鲁的观点并不奏效，比如，即便我指出，既然在她死后意识已经不复存在，她也就不可能体会到那种虚空的恐惧，芭芭拉却依然无法释怀。但是，"波动影响"的观点——即通过传递给他人的关怀、帮助和爱来继续存在——却极大地减轻了她的恐惧。

"从她的朋友中找寻她的身影。"这句话中包含着令人欣慰、给人力量的生命意义的源泉。这条普遍的真理便是：善行使人不朽，遗泽后世。

一年之后，芭芭拉重新回到墓地。立好母亲的墓碑，她体验到了一种全新的"波动影响"。父母的墓碑伫立在许多亲戚的墓碑之间，彼此相邻。看着这些，她不但没有觉得悲伤，反而感到异常轻松，头脑也特别清醒。为什么？芭芭拉很难用语言来表达，大致来说是一种"如果他们可以做到，我也能"的感觉。先人已逝，但他们的死亡传递给了她一些不朽的东西。

更多案例

"波动影响"的例子有很多,也广为人知。当你的生命直接或间接地对他人产生了重要的影响时,有谁不为此感到满足呢?在第六章中,我将介绍我的导师如何对我产生了重要的影响,并且我通过文字,再把它们传递给你。事实上,正是由于我希望对他人有所助益,所以才会选择在远远超过正常的退休年龄之后依然笔耕不辍。

在《给心理治疗师的礼物》这本书里,我介绍了这样一件事:一位病人因为放射疗法掉光了头发,她为自己的外表感到非常难受,担心别人看见她没戴假发时的样子。当她冒险在我的办公室里脱下假发时,我轻轻地用手指抚摩她所剩无几的发丝,以此作为我对她无声的回应。多年之后,在一个心理治疗的短期培训课程上,我再次遇见了她。她告诉我,最近她重读了书中关于她自己的那部分,对于我写下她的故事给其他治疗师和病人学习,她觉得很开心。她说,她的经历能以某种方式帮到那些不认识的人,这让她感到非常满足。

"波动影响"其实由来已久,它与各种迫切渴望延续生命的方法有着异曲同工之妙。最显著的例子是通过生育下一代来传递我们的基因,通过器官捐赠使我们的心脏在另一个人的身体内跳动,或是捐献眼角膜让另一个人重见光明。二十年前,我的两只眼睛都进行了角膜移植手术,虽然我不知道死去的捐赠者的身份,但是我知道自己体内携带着他／她的一部分，时常能体会到内心深处对这位素不相识的人的感激之情。

其他的"波动影响"还包括：

- 在政治、艺术、金融领域获得了杰出成就，推动该领域的长足进步；
- 以某人之名设立奖学金，捐助相关机构或捐建建筑物；
- 对基础科学做出杰出贡献，其他科学家将在此基础上继续发展。

除了这些将自我投射于外在世界的方法之外，更基本的"波动影响"是：**每个人死后在分子水平上又将重新成为自然的一部分，为未来的世界添砖加瓦。**

也许，我尤其关注"波动影响"是自己作为治疗师的角色使然，这让我有机会从不寻常的视角来看待发生在人与人之间的无声、温和、难以捉摸的相互传递。

日本著名导演黑泽明在他1952年拍摄的影片《生之欲》中生动地描绘了"波动影响"的过程；这部电影至今仍在世界范围内流传。电影的主人公是一位原本趋炎附势的官僚渡边。他得知自己患了胃癌，只有几个月可以存活了。以前他的生活是如此狭隘，他的下属甚至给他起了个"木乃伊"的外号，而现在癌症成了引发他觉醒体验的良药。

确诊之后，三十年以来他第一次停止工作，从自己的银行账户中取了一大笔钱,准备去灯红酒绿的夜店找寻他想要的生活。在挥霍无度又没有意义的享乐之后,他遇到了曾经的同事。这位同事当初因工作太过沉闷而辞职,说自己想真正活着。渡边被她的活力和热情所吸引,他追着这位女同事请求她教自己如何真正活着。这位女士告诉他,自己痛恨原来的工作是因为那没有意义,她现在的新工作是在一家玩具厂制作玩具。想到她将给许多孩子带去欢乐,她觉得自己浑身都充满了使不完的劲。当渡边告诉这位女士自己得了癌症,即将死去时,她充满了恐惧,立即跑开了,留给他的只是一个飘过耳畔的决定性的声音:"做点儿什么吧!"

渡边重新回到自己的工作中。他完全改变了。他拒绝被那些官僚制度所束缚,打破了所有的陈规。他用自己的余生致力于建造一座社区公园,这样,几代的孩子们都能享受于其中。弥留时,渡边坐在公园的秋千上;虽然下着雪,但他却非常平静。他带着全新的活力走向了死亡。

影片中的"波动影响"——即创造一些可以传递给他人,并丰富他人人生的事物——改变了渡边,使他对死亡的恐惧转变为内心深深的满足感。这部电影也强调了真正传递给后代的是那座公园,而不是他的身份。他的身份并不重要。实际上,颇具讽刺意味的是,喝醉的市政官员在渡边的遗体旁守夜时,花了很长时间讨论既然渡边建造了一座公园,是否应该对他进行表彰。

无 常

许多人说他们很少想到自己的死亡,但是却因人生苦短、世事无常而恐惧。每个欢乐的时刻都被如同背景一般挥之不去的念头侵蚀着——此刻所经历的一切都是转瞬即逝的,很快就会结束。即便是和友人漫步的乐趣也会被一些念头暗中破坏——所有的一切都会消亡,朋友会死去,森林会因城市的建设而改变。如果一切都将归于尘土,那又有什么真的重要呢?

弗洛伊德在一篇小短文《论无常》中对这个论点(及相反的论点)进行了精彩的讨论。当时弗洛伊德正和一位从事精神分析的同事及另一位诗人在夏日散步,诗人感到悲伤,因为所有的美景注定要成为过去,他所热爱的一切在最终必然消亡的命运之下似乎已黯然失色。弗洛伊德讨论了这位诗人颇为悲观的结论,犀利地否认了无常消解价值和意义的观点。

"相反,"他呼吁道,"只会提高!时光短暂和限制重重反而会提高欢娱的价值!"他进行了有力的反证来说明无意义感正是无常的固有本质。

我认为,由于想到美是如此无常而影响我们去欣赏它并为之沉醉,这实在不可理喻。就大自然的美来说吧,每年冬天它被毁之殆尽,但是来年春天它又会如期而至。与我们人生的长度相比,自然美的冬去春来还可视为永恒。我们在一生之中目睹着自身的形体与容颜之美不断地枯萎，这种短暂性也给美的魅力增添了一种新的色彩。好比有一朵花，它只在唯一的一个黑夜里开放，但我们却不会觉得这种昙花一现因此就减少了它的姿色。我同样看不出艺术作品以及精神成就的美与完善竟会由于时间的局限性而失去价值。的确，有可能出现这样一个时代，那时我们至今仍惊赞不已的绘画雕塑再也无人问津了；或者我们的后代对当代诗人和思想家的作品完全陌生，不能理解了；抑或是出现了一个地质时代，在这个时代里，地球上的一切生灵都哑然无语了。然而，一切美与完善的价值都取决于它对我们的情感生活的意义。因此，若我们已不在人世，那么，美与完善也就不需要继续存在，所以，它们也独立于所谓的永恒。

弗洛伊德将人类的审美和价值与死亡的力量分离开，断定无常与对人类情感生活至关重要的意义感并不相关，以此来缓解死亡恐惧。

此外，我们还能找到其他应对生命无常的方法。比如，许多文化传统强调活在当下的重要性，关注转瞬即逝的体验，认为人们应该在"此时此地"充分地活着。例如，佛教中有一个方法可帮助人们直接面对无常，消解对无常的恐惧。它通过一系列对于"Anicca（无常）"的冥想来进行。从观看树叶从树上落下、枯萎、消亡，以及树木本身的消亡，乃至我们自身肉体的消亡。（有人可能认为这样的功课是"去条件化"或是一种暴露疗法,也就是让人充分接触所恐惧的事物并慢慢地对此习以为常,也许阅读本书对于读者们来说也具有同样的效果。)

"波动影响"提供了另一种方法安抚由于无常所带来的痛苦,它提醒我们,即使我们不知道或感觉不到,但自身的某一部分依然会永存。

克服死亡焦虑的真知灼见

哲学家或其他思想家的格言短语常常能有效地帮助人们思考自身的死亡焦虑、充分地享受当下的人生。无论是通过那些精巧的短语、修辞、警句本身,还是通过其间蕴涵的动态能量,这些思想都能推动喜欢独处的读者或病人走出一成不变的存在模式。也许,正如我所提到的,得知伟大的思想家也曾与类似的伤痛苦苦斗争并最终战胜它们,这本身就是令人安慰的。也许,这些琅琅上口的格言警句正说明了痛苦可以转化为艺术。

最了不起的警句家尼采一针见血地描述了这些真知灼见的影响力:

一句好的格言能够穿越时间,永不失色、历久弥香。
它总是能给人们带来心灵的滋养。这就是文学最伟大的看似矛盾之处——在改变之中蕴涵着永恒。正如食物中的盐，永不失其味道。

有些格言警句明显与死亡焦虑有关，还有一些则是鼓励人们更加认真地面对人生，关注自身存在的真谛。

"一切都会消失；选择彼此互斥"

在约翰·加德纳的著名小说《格兰德尔》中，贝奥武夫传说中痛苦的怪兽四处找寻一位智者来告诉它生命的秘密。智者告诉他："最大的邪恶是时间永远在消逝，生命本身就包含着消亡。"于是怪兽把人生精辟地总结为四个英文单词，两句话——"一切都会消失，选择彼此互斥（Everything fades, alternatives exclude）"。

我们已经进行了很多关于"一切都会消失"的讨论，接下来，让我们一起来探讨另一句话的内涵。"选择彼此互斥"是许多人被选择的必要性分散注意力的重要原因。每一个"是"都意味着"不"，每一个明确的选择都意味着放弃了另一些。许多人都在逃避，不愿真正体察与存在息息相关的限制、毁灭和丧失。

以莱斯的故事为例，他是一位37岁的内科医生，放弃对他来说是一个非常大的问题。他曾好几年徘徊在几位他都心仪的女士之间，不能决定到底娶谁。最后他终于结婚了，搬到了一百多公里之外的太太家里，并在新社区里开了第二个诊所。但是，几年以来，他每周依然花一天半的时间在原来的旧诊所，让它照常营业，并且花一个晚上去见他的那些旧情人。

在治疗中，我们聚焦于他无法对其他选择说"不"的问题。当我询问他说"不"对他来说意味着什么的时候——也就是说关闭他以前的诊所，结束他的那些婚外情——他渐渐意识到自己夸大的自我意象。他是家里的宠儿，天赋颇多；在音乐、艺术方面表现突出，还在科学研究方面获得过国家级荣誉。他认为自己可以在所选择的任何一个领域获得成功。他把自己视为不像其他人那样有内在限制的人，所以没有必要放弃任何事情。"选择彼此互斥"也许适用于其他人，但不是他。他的个人神话便是生活永远在螺旋式上升，会带来一个更伟大、更美好的未来；任何可能威胁到这个神话的事情他都会拒绝。

一开始，对莱斯的治疗看上去需要聚焦于他过强的欲望、不够忠诚以及不能决断等主题，但是最终转向了对更深层面的存在主题的探索：他相信自己的未来会变得更伟大、更光明，并且他永远不会遭遇其他生物所不得不面对的内在限制，甚至死亡。莱斯（和第三章中的派特一样）对任何与"放弃"沾上边的事都觉得有威胁感；他试图回避"一切都会消亡；选择彼此互斥"的事实。对于莱斯内在愿望的澄清使得治疗重点更加明确集中，治疗大有进展。一旦他可以接受放弃一些事情，将注意力从不切实际地抓紧一切转变为珍惜他已经拥有的东西，我们的治疗工作就可以开始转向他现在的生活，尤其是他目前和妻子、孩子的关系。

莱斯相信生活永远是螺旋式上升的,这是在心理治疗中常常出现的主题。我曾和一位50岁的女士面谈过,她的丈夫当时70岁,是一位著名的科学家。由于一次中风,她的丈夫患上了痴呆症。看着昔日的伴侣如今整天无所事事地坐在电视机前,这位女士尤其不能接受。她竭尽全力,甚至无法克制地给他找事情做。任何能够提高丈夫脑力的事情她都尝试过,比如读书、下棋、学习西班牙文、拉小提琴等。丈夫的痴呆症使得她对未来的期望彻底破碎了。她本以为"未来"永远会更好,能学习更多的东西、发现更多的东西、拥有更多的喝彩。但这一切都破碎了。如今选择很难承受——那就是我们每个人都是有限的,从呱呱坠地开始,走过童年,走向成熟,最终注定走向凋零。

"疲倦时,多年前已经战胜的老念头就又来侵扰我们了。"

在过去的二十年里,我曾为凯特进行过三个疗程的治疗。这位离异的内科医生在她68岁那年再次走进了我的治疗室,原来,她对于即将到来的退休、衰老充满了焦虑,并且害怕死亡。

有一次,还在治疗期间,凯特凌晨四点起来在浴室里滑了一跤,她的头皮上被割出了一道很深的伤口。虽然流了很多血,她却没有求助于邻居、自己的子女甚至救护车。因为过去两年以来,她掉了很多头发并开始戴假发套了,她没法在医院同事面前露出自己没戴发套的样子——一个秃头的老女人。

于是,她抓起一块毛巾,拿出一大杯咖啡味的冰激凌,自己躺在床上，用毛巾盖在头上冷敷伤口。凯特就这样一边吃着冰激凌，一边哭着想自己的妈妈（凯特的母亲已经过世22年了），她觉得自己完全被抛弃了。天亮的时候，她终于叫来自己的儿子送她到同事的私人诊所去。同事为她包扎了伤口，并且建议她至少一周不要戴假发套。

三天后我见到凯特时，她的头上裹着披肩。她对自己的假发、离婚以及目前的单身生活都感到羞愧，毕竟主流文化倡导出双入对的婚姻生活。不仅如此，她那粗俗而患有精神病的母亲（当凯特不开心时，母亲总是给她吃咖啡味的冰激凌）、整个童年时期所忍受的贫困、在她还是个孩子的时候就抛弃全家的不负责任的父亲，所有这些都让她觉得羞愧难忍。她觉得自己很失败，觉得这两年的治疗没什么进展，此前的治疗也完全没有用处。

凯特不希望任何人看到她不戴假发套的样子，于是她整个一周都在家打扫卫生、清理房间（除了和我的一次面谈之外）。整理橱柜的时候，她发现了自己在我们过去的治疗过程中写的笔记。令她吃惊的是，二十年前，我们讨论的居然是同样的主题。当时，我们努力减轻她的愧疚感，而且艰难地试图让她从困扰她的母亲那里真正解脱出来，那时她的母亲还健在。

下一次面谈时，凯特头上扎着很有风度的头巾，拿着当时的治疗笔记走进了治疗室。她对自己这么多年以来没有进步感到非常灰心。

"以前我来找你是因为害怕衰老和死亡，现在我又来了，还是在这里。这么多年了,我还是充满愧疚,还是渴望我的疯妈妈,还是吃她的咖啡味冰激凌来自我安慰。"

"凯特,我知道重新提出这些老问题会让你有什么样的感觉。一个世纪前尼采说过的一句话也许会对你有用。他说,疲倦时,多年前已经战胜的老念头就又来侵扰我们了。"

凯特以往总是一刻不停地讲话,语速快而且句句在理,现在,她突然沉默下来了。

我重复了尼采的那句话,凯特慢慢地点了点头。在接下来的治疗中,我们重新对她所关注的衰老和死亡问题进行了探讨。

尼采的这句格言里其实并没有什么新鲜的东西。我已经告诉她,她目前所经历的退步是对创伤的正常反应。只不过,这精妙的格言提醒了她,她目前所经历的一切伟大的思想家尼采也曾经历过。这使得她领会到自己目前糟糕的状态只是暂时的,也帮助她从心底对自己曾经战胜过那内心的恶魔感怀不已。她终于相信自己一定可以再次战胜它。好思想,以及它的影响力,一次体悟是不够的,需要温故而知新。

一次又一次,过着同样的生活,直到永远

在《查拉图斯特拉如是说》中,尼采描写了一位充满智慧的老预言家,他决定下山和人们分享他所学到的东西。

在他所讲述的知识中,有一个他自认为最有力的思想,即永恒轮回的观点。查拉图斯特拉提出了一个挑战:如果你必须一次又一次地过着同样的生活直至永远,你将会有怎样的改变?接下来的一段震颤人心的话便是他对永恒轮回的首次描述。我常常向病人大声朗诵这些文字,你也可以试着为自己念一念。

假如有个恶魔在某日或某夜闯入你孤独的寂寞中,且对你说:"人生便是你目前所过或往昔所过的生活,将来仍将不断重演,绝无任何新鲜之处。每一样痛苦、欢乐、念头、叹息,以及生活中许多大大小小无法言传的事情皆会再度重现,而所有的结局也都一样——同样的月夜、枯树和蜘蛛,同样的这个时刻以及我。那存在的永恒沙漏将不断地反复转动,而你在沙漏的眼中只不过是一粒灰尘罢了!"

那个恶魔竟敢如此胡说八道,难道你不咬牙切齿地诅咒他?

还是,在这个非凡的时刻,你会回答他:"你真是一个神,我从未听过如此神圣的道理!"

假如这种想法得逞,那么你就会被它改造,甚至被碾得粉碎。

假设你将重复过同样的生活直至永远,这实在令人震惊,可以算得上一次小小的存在主义休克疗法了。作为一次发人深省的思想实验,尼采的这段话可以使人反思当下的生活。就好像"未来之灵"来到你身边,让你觉知自己的人生:这唯一的人生,应该充分地、好好地活着,尽可能减少遗憾。尼采以这种方式引导我们摆脱空虚的人生追求,充满生命力地真正活过。

如果你觉得自己生活得不好是由于外在的原因,并且紧抓着这个念头不放,你的人生也就很难有什么改善。既然你把责任都归于那些对你不公平的人,比如粗俗的伴侣和要求多多却很少鼓励你的老板,比如糟糕的基因,还有无法抵抗的强迫冲动等,你也就让自己陷入了窘境。**你,也唯有你**决定了自己目前生活状态的所有重要方面,因而,也只有你有能力改变它。即使面临无法抗拒的外在限制,你依然有选择的自由,依然可以选择以不同的态度来面对这些限制。

尼采有一句著名的格言——"爱你的命运(amor fati)",换句话说,也就是**创造你所热爱的人生**。

尼采最初是把永恒轮回作为一个严肃的假设命题来提出的。如果时间是无限的,事件是有限的,那么,他推理出这些不同的事件必然会一次又一次随机发生。这就好比一大群猴子打字员用一百万年时间也许偶然会打出一篇莎士比亚的《哈姆雷特》来。但永恒轮回的假设作为一个数学命题遭到数学家和逻辑学家的诸多诟病。多年前我参观了尼采在14岁到20岁之间就读的普夫达(Pforta)中学,恰好有机会浏览了尼采当时的成绩卡。我发现他在希腊文、拉丁文和古典文学方面获得了很高的分数(虽然我的导游,那位上了年纪的档案管理员很仔细地指出,尼采在班里并不是古典文学学得最好的),但在数学方面的得分非常低。

也许，尼采也意识到了自己在数学方面的局限，于是他放弃了这个假设命题，转而把永恒轮回的状态变成了一种思想实验。

如果你加入了这个思想实验，并且发现这样想让人觉得痛苦，甚至难以承受，那么，显而易见的解释是：你觉得自己过得并不好。我继续问你两个问题：你什么地方过得不好？你对自己的人生有什么遗憾？

我的目的并不是使任何人陷入对过往的无尽遗憾之中，而是引导人们把目光最终转向未来，转向那些可能带来人生转变的问题："你现在可以做点儿什么让一年之后或是五年之后，当你回首往事时，不再对那些新累积的遗憾产生同样的绝望？换句话说，你可以找到某种生活方式让自己不再有新的遗憾吗？"

在第三章中，我们讨论了死亡焦虑和人生无意义感之间的关系，即你越觉得没能自我实现，没有经历过充实的人生，你所体验到的死亡焦虑也就越大。尼采的思想实验和由此引发的关于人生遗憾的探讨是降低死亡焦虑的有力工具，下文中德卢斯用她的咨询体验说明了这点。

10%——德卢斯的故事

德卢斯是一位40岁的簿记员。她有一种无处不在的被生活所困的感觉，并且对自己的很多做法充满了遗憾。比如，她因为很久之前的一件事而无法原谅自己的丈夫，却又无法下定决心离婚；比如，她没能在父亲去世前与他和好；比如，她让自己陷入一份地点不方便而且报酬也不如意的工作里。

有一天,她看到了一则招聘广告,广告上的工作地点波特兰市对她来说更加合适。在短短的一段时间里,德卢斯就认真地考虑了重新安置住所。但是,她的热情很快便消失了,取而代之的是各种令人沮丧的消极想法,比如她太老了,最好不要搬家了,比如她的孩子会不想离开他们的伙伴,比如她在波特兰一个朋友都没有,比如那边薪酬比较低,以及她不确定自己是否会喜欢那些新同事,等等。

"我的确有那么一会儿工夫想着改变点儿什么,"她说,"但是,你看我又被束缚住了,像以前一样。"

"在我看来,"我回答说,"你既是囚犯,又是监狱长。我知道这些情况的确会阻碍你改变自己的生活,但是我想知道它们是否可以决定所有的一切。所有这些生活中实实在在遇到的问题,这些不在你控制之中的因素,比如你的孩子、年龄、收入还有让人不开心的同事也许决定了90%,使你无法改变、失去活力,但是难道就没有一些你自己能够决定的因素吗?哪怕只有10%?"

她点点头。

"嗯,这10%的部分正是我们在治疗中要检视的,因为只有这个部分,是你能改变的。"这时,我向她介绍了尼采的思想实验,为她朗读了关于永恒轮回的那部分。然后,我请德卢斯想象自己的未来,提议她:"假设一年的时光过去了,我们再次相逢在这里,好不好?"

德卢斯点点头,"好的,但是我想我知道会怎么样。"

"即使这样,也让我们试一试。现在是一年之后。德卢斯,让我们回顾一下过去的一年,告诉我,你现在又有了什么新的遗憾?或者,用尼采在思想实验中的话来说,你愿意刚过去的这一年一次又一次重复直至永远吗?"

"不!我不想永远被束缚在那个陷阱里。三个孩子,钱少,工作没意思,还是被困得无法动弹。"

"现在,让我们一起去看看在过去的一年中你能够对自己负责的那部分,那10%。过去的十二个月里你对自己的所作所为有什么遗憾?你可以做些什么让事情有所不同?"

"嗯,这监狱的牢门曾给打开过,仅仅是一条缝隙——我是指那个在波特兰的工作机会。"

"如果这一年你在……"

"是的,我明白。也许下一年我还是充满遗憾,试都没有试过在波特兰的那份工作。"

"这就是为什么我觉得你既是囚犯又是监狱长的原因。"

德卢斯后来去申请了在波特兰的那份工作。她接受了面试,去看了那个社区,并且被录用了。但是在重新考察了那里的学校、天气、房价和物价之后,德卢斯最终放弃了。尽管如此,整个过程打开了她的眼界(和她内心的监狱之门)。因为她认真地考虑过了搬迁的事情,她开始觉得自己和以前不一样了。四个月之后,她在离家较近的地方申请并获得了一份更好的工作。

尼采有两句掷地有声的名言，他认为这足以使人承受住时间的侵蚀，那就是"成为你自己"和"那没有击垮我的，将使我更加坚强"。这两个观念都已经融入治疗之中，我们将一一阐述。

"成为你自己"

"成为你自己"的观点为亚里士多德所熟知，后来传承至斯宾诺沙、莱布尼兹、歌德、尼采、易卜生、卡伦·霍妮，直至马斯洛和20世纪60年代的人类潜能运动，最终形成当代自我实现的观念。

成为"真正的自己"的观念与尼采的另两句格言——"圆满人生"和"死得其时"——之间有着紧密的联系。尼采这些不同的说法都在规劝我们避免无意义的人生。他说，充实你自己，实现你的潜能，充分地、完全地活着，**只要这样，也只有这样，才能死而无憾。**

珍妮是一位三十出头的律师秘书，她因为严重的死亡焦虑前来寻求治疗。在四次治疗之后，她做了一个梦：

> 我在华盛顿（我出生的地方），和奶奶走在街上（奶奶已经过世）。我们要去一个漂亮的小区，那里的房子都是小公馆。我们要去的小公馆很大，是全白色的，我高中时代的老朋友和她的家人住在那里。我很高兴见到她，她带我参观了家里，我很吃惊——这小公馆这么漂亮，有这么多房间，一共有31间，并且全部配有家具。

于是我对她说，我的房子有5个房间，只有2间配有家具。

然后，我很焦虑地醒过来，对我的丈夫大发雷霆。

这个梦里的31间房间让她想到自己现在31岁，还有她需要发展的所有不同的侧面。她的确住在只有5间房间、2间配有家具的房子里，这更强化了她觉得自己没有活得很好的想法。三个月前去世的奶奶在梦中的出现使得这个梦笼罩着令人恐惧的气氛。

她的梦戏剧化地推动了治疗的进展。我询问她对于丈夫的愤怒，她很不好意思地说，自己隐瞒了丈夫经常打她的事实。她知道自己必须做点儿什么，却又害怕结束婚姻；毕竟她和异性的交往经历非常少，觉得自己肯定再也找不到其他男人了。她的自尊非常低，好几年以来都在忍受着丈夫的虐待，而不是重新审视自己的婚姻，促使她的丈夫做一些重要的改变。这次治疗结束之后，她没有回家而是直接去父母家里和他们待了几个星期。她给丈夫下了最后通牒，要求他必须和自己一起去参加夫妻治疗。丈夫答应了，一年的夫妻治疗和个别面谈最终使得他们的婚姻质量有了极大的提高。

"那没有击垮我的，将使我更加坚强"

尼采的第二句名言被许多当代作家广泛引用，甚至有点儿滥用。例如，这句话就是海明威最喜欢的格言之一。（他在《永别了，武器！》中就提到"在跌倒的地方我们会变得更加坚强"。）它有力地警醒我们：负面经验会使我们变得更加坚强、更能适应逆境。这句名言也与尼采的另外一句话关系密切。他说，一棵树只有经历了风雨，深深地扎根于大地之中，才会变得更坚强，长成参天大树。

我的一位病人为这句格言提供了一个例子。她是一位既能干又机敏的女士，在一家大企业担当首席执行官。当她还是个孩子的时候，她的父亲持续不断地对她施加严重的言语暴力。在一次治疗中，她描述了一个白日梦，一种富于幻想又新潮的治疗方法。

"在我的构想中，有一位能够删除所有记忆的治疗师。也许，我这个想法来自金·凯瑞主演的那部电影《美丽心灵的永恒阳光》[1]。我想象有一天，这位治疗师问我是否需要抹去所有关于我父亲的记忆，这样一来，我就完全不记得家里曾经有个父亲的存在了。一开始，这个主意听起来真不错，但是当我仔细考虑时，我意识到这实在很难做决定。"

"为什么很难做决定？"

"嗯，首先，这实在是脑残的做法。父亲的确有些可恶，让我和兄弟姐妹们小时候一直觉得害怕，但是最终，我还是决定保留这些记忆，一点儿都没有删除它们。虽然我当时遭受了让人伤心

---

[1] 这部电影的剧情大致为：某天，乔尔惊讶地发现，交往两年的女友克蕾婷到一家名叫"忘情诊所"的地方，把一切有关他的记忆删除得一干二净。痛苦之余，为了报复，乔尔决定也要到那家诊所一探究竟，把关于克蕾婷的记忆全部删除。就在被怪医生以及助手们哄骗上手术台，启动记忆清除程序的时候，乔尔开始后悔……——译者注

的言语暴力,但是接下来,我的人生却很成功,那是小时候我想都没有想到过的。也许,这些经历以某些方式培养了我的抗逆力和随机应变。如果没有我父亲会怎样呢?或者正是因为我父亲?"

白日梦中的幻想让她迈出了改变态度看待过去经历的第一步。关键不是她在多大程度上能够原谅父亲,而是她开始以不同的眼光来看待过去。我曾对她说,她迟早会放弃有一段更好的过去的渴望,当时她很受震动。小时候在家中的负面经历影响了她的成长,使她变得坚强,也让她学会了如何应对这些经历并发展出了有效的策略,这些都使得她终生受益。

"拒绝借贷生命,以避免偿债死亡"

伯妮因一个令人恼怒的问题前来寻求治疗。虽然她和丈夫史蒂文有着二十多年恩爱的夫妻关系,但她现在却莫名地对丈夫感到愤怒,并且她常常兴奋地想象着自己离开丈夫,并沉湎于这样的幻想中。

我询问她出现这种情况有多长时间,以及她从什么时候开始对史蒂文的感觉有所改变。伯妮很详细地回答了。原来,在史蒂文70岁生日的那天,他突然辞去了股票经纪人的职务,开始在家经营他的个人投资。情况从这时起变得糟糕起来。

她对自己的愤怒感到困惑。虽然丈夫并没有变,她却开始对他的种种行为莫名其妙地挑剔起来,比如他的脏乱、他花了太多时间看电视、他对自己仪表的忽略还有缺乏锻炼等。虽然史蒂文比她大了25岁,但他一直以来都是这样,只不过史蒂文的退休作为一个标志使她意识到:丈夫老了。

在我们的讨论过程中,她的几种动机呈现出来。首先,她想要让自己远离史蒂文,避免像她说的那样,"飞速"进入老年期。其次,她无法忘记10岁时失去母亲的痛苦,更不愿面对有一天史蒂文去世时悲痛再次重现。

在我看来,她试图通过减少对史蒂文的依恋来保护自己,减轻可能的丧夫之痛。无论是她的愤怒还是她对丈夫的疏远都是避免结束和丧失的有效方法。我引用了弗洛伊德的一位同事奥兰特的话,使她更清楚地了解自己内心的心理动力,即"有些人拒绝借贷生命,是为了避免偿债死亡"。出现这种心理动力并非偶然。观察一下,我们身边都有那种麻木自己,避免热情地投入生活的人,而这正是因为他们害怕失去得太多。

接下来,我继续说道:"这就好像在旅途中拒绝认识新朋友,拒绝做些有趣的事,以此来避免旅途必然结束时的痛苦。"

"你说得非常对。"

"但这样一来,也就不太可能享受到惊喜了,因为……"

"对对对,你说到点子上了。"她笑着打断了我。

随着我们的工作焦点转移到如何改变上,几个新的主题也逐渐浮现出来。她害怕揭开那层伤疤:10岁时丧母的痛苦。这种恐惧眼下变得更加真实了。在几次治疗之后,她开始明白无意识中的各种应对策略其实是无效的。首先,她不再是当年那个只有

10岁的无助小女孩,一点儿办法都没有;其次,当史蒂文去世时,不但不可能逃避悲伤,而且,她的悲伤之中一定还会混杂着愧疚之情,因为她在史蒂文最需要她的时候抛弃了他。

弗洛伊德的同事奥特兰提出了一个很有用的心理动力模型,也就是"生之焦虑"与"死之焦虑"之间持续存在的张力。这对于治疗师的临床工作非常有帮助。

奥特兰认为,一个人在一生发展中会不断追求个性化、成长以及自身潜能的实现,但是也要为此付出代价。在这种从自然中不断生长、延伸乃至远离自然的过程中,人必须面对自身的"生之焦虑",也就是那种可怕的孤独感,那种自身脆弱渺小的感觉,失去了与宏大世界最基本的联结。当"生之焦虑"变得无法忍受,我们该何去何从?我们选择了完全不同的方向:我们重新回来,逃避那种分离,在融合中寻求安慰。也就是说,我们开始选择融入或将自己奉献给他人。

虽然这种融合的确能让人获得安慰、感觉舒适,但并不稳固——我们最终会因失去自我、内心郁结而反弹回来。也就是说,这种融合增加了"死之焦虑"。在"生之焦虑"与"死之焦虑"这两极之间,或者说在个性化与融合之间,人们穿梭摇摆,耗尽一生。这个论断后来成为厄内斯特·贝克尔的杰作《拒斥死亡》中的主要观点。

在伯妮结束治疗后的几个月里,她做了一个奇怪又让人不安的噩梦。于是,伯妮又预约了一次面谈来和我讨论。在电子邮件

中,她描述了这个梦:

> 一只鳄鱼在追我,我很害怕。虽然我能跳离地面五六米高躲开它,但它还是越来越逼近我。无论我藏在哪里,它总能找到我。我浑身颤抖地醒过来,一身冷汗。

在我们的面谈过程中,她领悟到了梦的内涵。她知道追逐她的鳄鱼代表了死亡,她也意识到面对死亡,自己无处可逃。但是,为什么是现在做这个梦呢?当我们谈到做梦当天发生的事情时,一切都变得明朗了。那天晚上,她的丈夫侥幸躲过了一场严重的车祸。接下来,他们大吵了一架,原因是史蒂文的夜视力衰退得厉害,她坚持让丈夫从此停止开夜车。

那么,为什么是鳄鱼呢?这鳄鱼从何而来?她想起那天晚上上床之前她看了一则让人不安的电视新闻,报道了澳大利亚"鳄鱼人"史蒂文·欧文在一次潜水事故中被刺鳐咬死了。伯妮突然恍然大悟,原来史蒂文·欧文的名字正综合了我和她丈夫的名字——这两个她最害怕他们死去的老人。

叔本华关于选择的三个问题

我们身边都有这样的人——也许你自己也是——他们非常关注外在的一切,总是想着聚敛财富或是别人怎么看待自己,以至于彻底丧失了真我。这样的人,他们关注外在远胜于内心,所面临的问题便是——他们看别人的脸色来决定什么是自己需要的或期望的。

对于这样的人,向他介绍叔本华晚年论述的三个问题会很有帮助(对于任何有哲学倾向的人来说,这些著述都非常明了、容易理解)。文中强调真正有价值的不是财富,不是物质享受,也不是社会地位或好名声,它们都不能给人带来快乐,只有"真我"才是真正重要的。虽然这些思想与存在主题并没有明显的相关,但毫无疑问,它会使得我们从肤浅的生活表层进入更深的思考之中。

1. 我们拥有什么? 物质财富如同一缕飘忽的鬼火,根本抓不住。叔本华高雅地宣称,追求金钱和财富是无止境的,并不能给我们带来快乐。我们拥有得越多,要求也就越多。财富就好像海水,我们喝得越多,越觉得饥渴。到了最后,我们不但没有占有财富,反而被它们控制了。

2. 我们在别人眼里是什么样的? 名声和物质财富一样最终会消失无影。叔本华写道:"人生中一半的担心和焦虑来自于总是考虑别人的看法——我们必须拔除这根肉中刺。"多么一针见血!人们总是想让自己外表光鲜,即使囚犯在临刑前也要穿上最好的衣服,摆出他们所认为的最好的临刑姿势。其实别人的看法不过是幻觉,任何时候都可能改变。这些无根的墙头草招摇着,使人们成为奴隶,驱使人们总是忍不住考虑别人是怎么想的。甚至更糟的是，那不过是他们头脑中所以为的别人的看法，毕竟我们永远不可能知道别人到底在想什么。

3. 我是谁？ "我是谁"才是至关重要的问题。叔本华说，好良心远比好名声重要。你最大的目标应该是身体健康、心智健康，这样你的思考才不会枯竭，你才会独立，才能拥有品行端正的人生。要知道，**事件本身并不能扰乱我们，关键在于我们如何看待它**。内在的平静正是来源于此。

最后一个观念是非常重要的治疗信条，可以一直追溯到古希腊时期斯多葛学派的核心理念。这个观念后来传承至芝诺、塞内加、马尔克斯·奥里利厄斯[1]、斯宾诺莎、叔本华、尼采，最终成为心理动力学治疗和认知行为治疗的基本信条。

这些观念，如伊壁鸠鲁的论点、波动影响、避免荒芜的人生，以及我所引用的一些格言警句中所蕴涵的方法在对抗死亡焦虑时切实有效。但是，另一个重要的因素，即人与人之间的亲密联结，同样发挥着重要的作用，它能够增强这些观念的影响力。我们将在下一章中详细讨论这一点。

---

[1] 马尔克斯·奥里利厄斯（Marcus Aurelius, 121—180），罗马皇帝（161—180）、斯多葛派哲学家。——译者注

Death Terror Through Connection

第五章
通过关系克服死亡恐惧

> 当我们终于意识到自己会死，我们感觉到的一切都会随着死亡消失，我们开始为每个生灵、每个瞬间灼热地心碎。它们是如此脆弱，如此宝贵！也唯其如此，我们发展出对整个人类深深的、澄明的、无限的悲悯。
>
> ——《西藏生死书》

死是最终的宿命。对生的渴望和对一切尽毁的恐惧始终存在，它们与生俱来，根植于你的心灵最深处，在很大程度上影响着你将如何活着。

几个世纪以来，人类发明出各种各样纷繁复杂的方法来减轻对死亡的恐惧，有意识中的，也有无意识中的；可以说，有多少人，就有多少种对付死亡恐惧的方法。当然，这些方法中有些奏效，有些却不可靠，毫无帮助。有些人让自己真正直面死亡，并

把这一片阴影整合到核心人格中去。下文中写这封电子邮件的年轻人就是一个很好的例子。他是这样写的:

> 两年前我失去了挚爱的父亲,自那之后我获得了先前无法想象的成长。此前我总是怀疑自己是否有能力面对大限来临,脑子里充斥着自己有一天也会烟消云散的想法。但是,我现在从这些恐惧和焦虑中找到了对生命的热爱,这是我以前所不知道的。有时候,我会觉得自己距离同龄人很远,因为我很少考虑那些每天发生的琐屑小事。无论发生什么我都能接受,因为我能够紧紧抓住那些真正重要的事情,放弃那些其实并不重要的。我觉得我应该努力做好那些能够丰富我人生的事情,而不是社会期望我做的……重新燃起的生命激情甚至超过了我对死亡的恐惧,真棒!实际上,我愿意接受人生不可避免的死亡,我想我有真正的自信,可以去面对它。

那些不愿意面对死亡之痛的人往往通过否认、转移或替代等方法来减轻死亡恐惧。在前文中,我们已经读了一些病人的故事,他们曾用一些无效的方法来面对死亡恐惧。比如朱丽叶长期充满恐惧以至于无法参加任何有一点儿风险的活动;比如苏珊将死亡恐惧转移到无关紧要的琐事上。有些人终日被噩梦折磨,有些人则给自己设置了很多限制,他们"拒绝借贷生命,以避免偿债死亡",还有些人则无休止地追求新鲜刺激、性、财富和权力。

被死亡焦虑折磨的人并非得了怪病的异类,相反,他们只是普通的男女,他们所身处的家庭和文化没有为他们撑开一把遮风挡雨的保护伞,使得他们能够面对冰冷而必然的死亡。他们也许在很小的时候就已频繁地接触过死亡;也许在家里未曾感受过关爱、照顾和安全;他们也许非常孤独,从来没有和别人分享过内心隐密的死亡焦虑;他们也有可能尤其善于自省,而不愿相信当地文化所提供的否认死亡的宗教神话。

每种文化都发展出了自己的方法来面对死亡。许多古老的文明,如古埃及文明显然就是围绕着"否认死亡,坚信来世"的信念建立起来的。死者(至少上层阶级是这样的,他们认为自己是会复活的人)的坟墓中装满了能让他们死后过得更加舒适的日常生活用品。

举个例子来说,在纽约布鲁克林艺术博物馆中陈列着陪葬的河马雕像。它们和死者埋葬在一起,以给死者死后娱乐之用。为了避免这些石头做的动物吓到死者,它们的腿都被雕得短短的,这样一来,它们便会行动缓慢,没有伤害性。

在近代欧洲及西方世界里,由于在分娩过程中母婴的死亡率比较高,死亡并不少见。那时候,大多数死者并不像现在这样被隔离在挂有帘子的医院病床上,而是死在家里,所有的家庭成员都会在这一最后的时刻在场。事实上,几乎没有家庭不曾遭遇过成员的过早离世。坟墓通常都安置在离家不远的教堂庭院里,其他家庭成员常常会前去悼念。由于基督教认为存在永恒的死后世界，教堂的牧师也就掌管了生死的钥匙。许多老百姓从宗教信仰中寻求慰藉，而这些信仰或多或少地提供了某种关于死后世界的承诺。当然，今天仍然有许多人从这些信仰中获得慰藉。在第六章中我将讨论宗教慰藉，区分通过直面死亡宿命所带来的慰藉和通过否认和"去死亡化"所带来的慰藉。

从我的个人体会和心理治疗的实践来看，面对死亡焦虑最有效的方法来自存在层面。因此，我列举了许多非常有价值的观念。在这章中，我将讨论使得这些观念真正奏效的附加因素，即人际联结（human connectedness）。在观念和亲密联结的双重作用下，人们能够有效地降低死亡焦虑，利用觉醒体验，最终引发个人的改变。

人 际 联 结

我们每个人都与其他人紧密地联结着。从任何一个角度来研究人类社会——无论是从漫长的社会进化历程还是从个体一生的发展过程来看——我们都不得不从个体的人际关系网络，即个体与他人的关系中切入，以观察人类本身。

对灵长类动物、原始文化和当代社会的研究，证实了人类对归属感的需求是一种强烈的基本需要：我们总是生活在团体中，与其他成员保持着紧密而长期的关系。与此相关的论据几乎随处可见，举一个最近的例子，积极心理学近期的许多研究成果表明，亲密关系是幸福感的必要条件。

但是，死亡却是孤独的，甚至可以说是人生中最孤独之事。它不仅使你和其他人分离，而且使你赤裸裸地面对第二种更可怕的孤独——与整个世界分离。

两种孤独

有两种孤独：一种是日常生活中的孤独；一种是存在的孤独。前者发生在人与人之间，那是一种与他人隔绝的痛苦。这种孤独通常与害怕亲密、担心被拒绝、害羞或是感觉自己不值得被爱联系在一起，为我们每个人所熟知。实际上，心理治疗中的大多数工作与帮助当事人学习建立更加亲密、稳固、持久的人际关系直接相关。

孤独感很大程度上强化了死亡的痛苦。我们的文化总是给死亡披上静默而隔绝的外衣。在面临死亡时，家人和朋友变得遥不可及，因为他们往往不知道该说什么，他们害怕伤害快要死的人。况且，由于他们不敢面对自身的死亡，他们也不愿意与濒死之人靠得太近。在人类死亡来临的时刻，连希腊众神都恐惧地躲开了。

日常生活中的孤独以两种方式发挥作用：一方面，身体健康的人趋向于躲开那些濒死之人，另一方面，濒死之人也配合地走进那份孤立之中。他们拥抱沉寂，唯恐把所爱之人拉入他们那个可怕而消沉的世界。一个没有任何身体疾病却陷入死亡焦虑中的人也可以体会到同样的感觉。这种孤独毫无疑问伴随着恐惧，正如威廉·詹姆斯在一个世纪前所写的：

> 如果可能的话，没有什么惩罚比让一个人脱离社会，被所有人完全忽略更加残酷了。

第二种孤独，即存在的孤独则更加深刻。它来自于每个人与他人之间不可逾越的鸿沟。这道鸿沟的形成一方面是由于我们每个人都被扔到这个世界上独自存在、独自离开，另一方面来自于我们每个人终其一生都生活在只有自己才完全理解的世界里。

18世纪时康德提出了盛行的常识性假设，即我们都出生并栖居在一个已经完成的、精心构建的、共享的世界中。如今，我们知道，由于神经组织结构的作用，实际上每个人都在构建着自己的心理世界。换句话说，你的头脑中有大量内隐的心理分类系统（比如数量和质量，原因和结果等），当你面临外界的感官信息时，这些分类系统便开始发挥作用，使你能够以独一无二的方式自动地、无意识地构建你自己的世界。

因此，存在的孤独意味着死亡不仅是指生物学意义上的生命丧失，而且包括你个人丰富、神奇、详尽、独一无二的心理世界的丧失。这个世界在其他任何人的头脑中都无法复制。我的回忆——把脸埋在母亲那件波斯羊毛大衣里，闻着陈腐的樟脑味；初中时过情人节，兴奋地瞥着那些女孩子；在一张有着红色皮革桌面、黑檀木桌腿的桌子上和父亲下棋、和叔叔玩纸牌；20岁时和堂弟一起搭了一座烟火台——所有的这些片段,还有其他多如繁星的细节仅仅属于我一个人,而其中的每一段故事、每一个主角都将随着我的死亡永远消失。

我们每个人在人生的各个阶段都以不同的方式体验着人际孤独(即日常生活中的孤独感),而存在孤独在生命的早期比较少见。一个人只有在老了,临近死亡了才会强烈地感受到。在那时候,我们开始意识到自己的世界最终会消失,意识到没有人可以一路陪伴我们走到阴沉的死亡之路的尽头。正如一首古老的圣歌提醒我们的那样:"你只能独自走过那孤独的山谷。"

历史和神话中充斥着人们试图减轻死亡之孤独感的尝试。想想那些集体自杀,还有各种文明中都曾出现的让奴隶陪葬的君主;想想在印度,寡妇在丈夫的葬礼上成为祭品;想想所谓天堂的复活和重聚;想想苏格拉底当初那么坚信自己死后将和其他伟大的思想家高谈阔论。

呐喊与低语——同理心的力量

同理心是我们试图和他人形成联结时最有效的工具,它是人际关系的黏合剂,使你能深刻地了解其他人的感觉。

英格玛·伯格在她导演的著名电影《呐喊与低语》中非常形象而深刻地描述了死亡的孤独感以及人们对人际联结的需要。在这部电影中,一位名叫安格纳的女人快要死了,她充满了痛苦和恐惧,非常希望能拥有一份真正亲密的关系。她的两个姐姐被深深震撼了。其中一个突然清醒过来，意识到自己的人生"充满了谎言"。但是，她们两个都无法走近安格纳的心灵，也没有能力与任何其他人形成亲密的关系，她们甚至充满恐惧地躲开了即将死去的妹妹。只有女佣人安娜愿意抱着安格纳，她们紧紧贴在一起。

安格纳死后不久，她孤独的灵魂游荡回来，用一个可怕的孩子般的声音哭诉着，乞求姐姐触摸她，只有这样她才能真正死去。她的两个姐姐想要靠近她，却又害怕死人那种斑驳的皮肤，她们似乎提前看到了自己必将到来的死亡，惊恐地从房间里跑出去了。这一次，又是安娜的拥抱让安格纳真正走完了死亡的旅程。

除非你愿意面对自身的死亡恐惧，基于共同的背景走入他人的世界，否则你不可能像电影里的安娜那样与即将去世的人形成联结，为对方付出。为他人做出牺牲是富有同情心和同理心的行为背后真正的本质。几个世纪以来，这种愿意体察他人痛苦的行为无论在世俗世界还是宗教活动中都同样具有治疗的功效。

体察他人的痛苦并不容易。正如安格纳的姐姐们一样，家庭成员或亲密友人往往很想帮助快要死去的人，却太过胆怯：他们担心提起这些话题会侵犯或打搅病人。其实，快要去世的人通常都需要有人听他们讲讲对死亡的恐惧。如果你快要死了，或是对死亡感到惶恐不安，而你的家人和朋友却和你保持距离，不愿意直接和你交流这些，我建议你关注此时此地（我将在第七章中详细讨论"此时此地"的技术），直击要害地与他们沟通。比如，你可以这样说:"当我讲到自己的恐惧时,我发现你不愿意直说。如果能和好朋友开诚布公地谈论这些,会对我有帮助。不过,是不是谈论这些会让你觉得太痛苦?"

如今,对于被死亡焦虑困扰的人来说,他们有了更多的选择以各种形式与别人交流,他们不仅可以和所爱的人谈论这些,而且可以选择在更大的团体里交流。随着药物使用和媒体宣传的公开化,随着团体辅导的盛行,面临死亡的人有了新的资源来减轻那种孤独的痛苦。目前,大多数癌症康复中心都给病人提供支持性的团体辅导。但是,据我所知,三十年前我为晚期乳腺癌患者组织的团体辅导是全球范围内的首次尝试。

此外,各种类型的网络支持团体也获得了快速的发展。最近的研究表明,仅仅一年之内就有一百五十万人从某种形式的在线团体中获得了帮助。我建议所有患有致命疾病的人都去参加由情况类似的人组成的团体。这些团体无论是自助型的,还是专家指导型的,大都很容易找到。

最有效的团体往往是由专业人士进行指导的。研究表明,由领导者指导、参与者具有相似痛苦的团体辅导,可以有效地提高团体成员的生活质量。通过彼此之间的同理心,团体成员提高了自尊心和效能感。最近的研究也表明,自助团体和网上团体同样能发挥作用。因此,如果你无法参加由专业人士指导的团体,不妨考虑这两种团体。

"在场"的力量

为一个面临死亡的人（我在这里指的是那些患有致命疾病的人，或是身体健康内心却充满死亡恐惧的人）提供的最大帮助莫过于你纯然在场。

在下文的故事中，我试图减轻一位女士的死亡恐惧。这个故事同样能为那些想要互相帮助的家庭成员或朋友提供指南。

向朋友们伸出救援之手——艾丽斯的故事

在第三章中我曾讲述过艾丽斯的故事：她即将要搬到养老院去，不得不卖掉自己的房子和那些充满回忆、精心收藏的乐器，为此她感到非常沮丧。在她搬家前不久，我正好有几天的假期要离开那座城市。我知道这段时间对她来说会比较艰难，就给了她我的手机号码，让她在紧急的时候可以给我打电话。当搬家公司开始清空她的房子时，艾丽斯体会到一种令心灵瘫痪般的痛苦；无论是她的朋友、私人医生还是按摩师都无法让她平静下来。她给我打了电话，我们在电话中进行了二十分钟的交谈。

"我无法安安静静地坐下来，"她说，"我太紧张了，感觉都要爆炸了，根本无法放松下来。"

"试着盯住你内心深处那种痛苦的感觉。告诉我，你看到了什么。"

"完了,一切都结束了。我的房子,我所有的东西,我的记忆,我和过去的联系,所有的这一切都结束了。最关键的是,我自己也结束了。你知道我怕什么吗?很简单,我怕我再也不存在了!"

"艾丽斯,我们在以往的治疗中谈到过这些。我知道我在重复过去的话,但是我想再次提醒你,卖掉房子搬去养老院是一个极大的创伤性事件。你当然会感到一切都乱了,这种冲击是非常严重的。如果我是你,也会有这样的感觉,任何人都会。但是如果你想象一下三个星期之后我们讨论到这个话题时……"

"欧文,"她打断了我,"这不管用!我心里痛得流血,死亡的气氛笼罩着我,到处都是死的味道,我想尖叫!"

"忍耐一下,艾丽斯,有我和你在一起呢!让我问你一个以前我曾问过的简单的问题:具体来说,你到底害怕死亡什么?"

"我们以前说过了。"艾丽斯听起来既生气又不耐烦。

"那还不够。艾丽斯,让我们继续谈下去。按照我的意思,让我们继续下去。"

"好吧,这与死本身的痛苦无关。我相信我的医生,当我需要吗啡或其他什么的时候他会在那里;这也和死后世界无关,你知道半个世纪前我就不信这个了。"

"也就是说,这个是由于死亡这件事本身,也不是害怕死后世界。那么,死亡为什么让你觉得害怕呢?"

"我也并没觉得有什么事情没有完成。我知道我的人生过得很充实,我做了自己想做的事情。这些我们都讨论过。"

"艾丽斯,再想想。"

"就是我刚刚说过的,我觉得自己不再存在了。我不想离开这样的人生,我想看到所有事情的结局。我想看看我儿子的人生会怎样——他会不会有小孩呢?想到有一天我再也不能看到这些,这实在让人觉得痛苦。"

"但是你不会知道自己不存在了,也不会知道自己不知道了。你不是说你相信(正如我所相信的)死亡是意识的完全停止么?"

"是的,我知道,我知道。你已经说了很多次了,我心里明白你的话:不存在的状态并不可怕,因为我们不会知道自己不存在了。也就是,我死后不会知道自己错过了重要的事情。我还记得你曾说过,那种'不存在'的状态就和我出生前一样。这样想以前有用,但是现在却一点儿帮助都没有。这种感觉太强烈了,欧文,这些观念不管用,它们压根不能触动我的内心。"

"它们现在还没有触动你,这意味着我们还要继续努力,继续讨论下去。我们可以共同努力。我会在这里,和你一起尽可能深入地探讨下去。"

"那很可怕,好像有一种说不出来,也抓不住的威胁。"

"艾丽斯,我们对死亡的所有感觉的基础是一种根深蒂固的生物学层面的恐惧。这种恐惧难以捉摸,我自己也曾经历过,它无法用语言来描述。斯宾诺莎在三百多年前就曾说过,所有的生物都希望自己能留存下来。我们不得不承认自己内心的这种渴望,也正是这种根深蒂固的渴望使得我们总是充满恐惧。我们每个人都是如此。"

二十分钟之后,艾丽斯的声音逐渐平静下来了,我们结束了通话。几个小时之后,她发了一条措辞粗鲁的短信说,刚才的通话就好像在她脸上扇了一巴掌,我太冷酷了,没有同情心。过了一会儿,她补充发了另一条信息说,自己不知道为什么感觉好多了。第二天,她又发了一条短信说她的恐慌大大减弱了,并且这次,她还是不知道为什么。

艾丽斯为什么能从这次谈话中得到帮助呢?是因为我提出的那些观念吗?也许并非如此。她并不理会我向她介绍的伊壁鸠鲁的观念。我当时说的是,随着她的意识消失,她也就不可能知道自己会错过身边亲近的人发生的事情,并且在她死后,她会进入和出生前一模一样的状态里。我的其他建议也不管用,比如我引导她想象未来,看看三周之后会发生什么,她如今的困扰会怎么样,是否还会很大程度上影响她的生活。但是,艾丽斯太痛苦了,她只是说:"我知道你很努力了,但是这些方法一点儿不管用,它们丝毫没有触及我的内心,触及我胸口那种痛苦而沉重的感觉。"

观念不管用了。让我们试着从关系的角度来看待这次谈话,首先,我在度假期间为她提供帮助,这说明我非常愿意真正和她一起面对这些困扰。而且,我当时对她说,让我们一起来面对。我丝毫没有回避她的焦虑,而是坚持询问她关于死亡的感觉。我接纳自己的死亡焦虑,告诉她我们其实都是如此,无论是我,还是她,抑或是其他任何人都会对死亡有根深蒂固的焦虑。

其次,我从外在给予她的"在场"的帮助背后蕴藏着一份内隐的讯息——那就是"无论你感觉多么恐慌,我都不会回避你或是抛弃你"。我所做的其实就是《呐喊与低语》中女仆安娜所做的。我(从心理上)拥抱着艾丽斯,和她在一起。

虽然我完全地投入了她的世界,但我确定自己包容了她的恐慌,没有被这种情绪所传染。当我让她和我一起剖析那些情绪时,我保持了一种平静的、实事求是的语调。虽然后来她发短信指责我过于冷酷,没有同情心,但是我的平静毫无疑问安抚了她,也降低了她的恐慌。

这个例子给我们上了简洁的一课——人际联结至关重要。无论你身为家庭成员、朋友或是治疗师,人际联结对于安抚怀有死亡焦虑的人来说都非常重要。你可以用任何你觉得恰当的方式接近对方,发自内心地说你想说的话,不要故意掩饰你自己的恐惧;你还可以用任何能够提供安慰的方式去拥抱对方。

几十年前,我曾守在一位即将离世的病人床前。她让我在她身边躺一会儿,我按照她的要求躺下了。我相信这能给她带来慰藉。纯然"在场"是你能给予任何面临死亡的人(或是那些身体健康却对死亡充满恐慌的人)最好的礼物。

自 我 表 露

正如我将在第七章中提到的,目前对于治疗师的许多培训都集中在关系的中立性上。而在我看来,治疗师培训中很重要的一部分应该是帮助治疗师更乐意也更自然地通过自身的真诚来增强人际联结。

由于许多治疗师所受的传统培训着重于如何保持中立、不涉及自己的情绪,因此,愿意彼此敞开心扉的朋友在这方面反而比专业的治疗师更加有优势。

在亲密关系中,一个人分享自己的感觉和想法越多,对方也就越容易分享他们的内心。自我表露在亲密关系的发展中发挥着重要的作用。一般来说,人际联结是通过双方持续自我揭示的互动过程而建立起来的。一个人选择了首先敞开自己的内心,分享一些非常私密的话题,也就让自己承担了一些风险;另一个人可以通过也分享自己的一些私密话题来跨越两人之间的鸿沟。这样他们就通过彼此螺旋式的自我揭示逐渐亲密起来。如果那位首先敞开自己、承担风险的人没有得到另一个人的回应,这段关系的前景则会变得黯淡。

在大多数亲密关系中,你越能做真实的自己、敞开自己,你的朋友关系也就越能深入长久。在这种关系中,所有的话语,所有不同形式的慰藉，以及所有的观念都会发挥出重要的作用。

朋友之间会互相提醒（也提醒自己）有一天对方也会体会到对死亡的恐惧。因此，在和艾丽斯的谈话中，我让自己也参与讨论死亡的不可避免性。这种自我表露其实并无多大风险，我只是把那些原本含糊其辞的东西说得更加明确罢了。毕竟，我们都是一想到自己"不再存在"就会觉得恐惧不安的生灵。面对广阔无垠的宇宙，我们都不得不面对自身的渺小感和无意义感［有时这种感觉又称为"无限体验（experience of the tremendum）"］。在如此辽阔的宇宙之中，我们每个人都不过是一粒尘土、一颗沙石而已。正如17世纪时帕斯卡尔[1]所言："那永远静默的无限宇宙让我们害怕。"

最近，在安娜·戴维导演的一出舞台剧《帮助我其实很容易》中，我看到在面临死亡时人们对亲密感的需要是如此让人心碎。在这部戏剧中，主人公是一位独特的女性，她照料着患有艾滋病的非洲儿童。但是她的庇护没有什么用，每天都会有孩子死去。当人们问她如何消减这些快要死去的孩子的恐惧时，她回答说：

---

[1] 帕斯卡尔是法国17世纪最具天才的数学家、物理学家、哲学家。他在理论科学和实验科学两方面都做出了巨大贡献。1670年《帕斯卡尔思想录》一书在法国首版。该书以其论战的锋芒、思想的深邃以及文笔的流畅而成为世界思想文化史上的经典著作，对后世产生了深远影响，被认为是法国古典散文的奠基之作。它与《蒙田随笔集》《培根人生论》一起，被人们誉为欧洲近代哲理散文三大经典。——译者注

> 我从来不让他们在黑暗中孤独地死去。我对他们说："你会永远活在我心里。"

即使是对于那些在建立亲密关系方面长期存在障碍的人——他们总是逃避深刻的朋友关系——关于死亡的观念也可能引发觉醒体验，使得他们对于亲密感的需要产生巨大的改变，愿意尝试去建立亲密关系。在工作中接触过临终病人的许多人都会发现，那些先前拒人千里的病人突然间变得易于亲近，甚至默契非常。

在行动中产生波动影响

我在上一章中提到，对于那些因自身的死亡不可避免而感到焦虑的人来说，有一个信念能给他们带来极大的安慰，那就是——一个人不仅存活于个人的生命历程中，也可以通过自己的价值观和行为举动将生命传递下去，波动影响到下一代，甚至代代相传。

减轻死亡的孤独感

中世纪道德剧《每个人》描述了人们在面临死亡时的孤独；当然，我们也可以从这部戏剧中看到"波动影响"所带来的抚慰人心的力量。几个世纪以来，这部戏剧不断在教堂里演出，无数教徒曾观看过它。它讲述的其实是我们每个人的故事——死神来拜访那个普通人,人生最后的时刻来到了。

　　普通人希望能够缓期执行。"没办法。"死神回答说。普通人于是又提了一个新的要求:"我可不可以邀请别人陪伴我一起走过这段孤独又绝望的旅程?"死神笑了一下,很乐意地答应了他:"当然可以,如果你能找到人的话。"

　　这部戏剧接下来的部分讲述了普通人试图找到愿意陪他一起走那段死亡之旅的人。每个朋友和熟人都拒绝了他,比如他的堂兄弟就以脚趾头抽筋为理由拒绝了普通人,还有那些隐喻的意象(比如财富、美貌、权力、知识等)也都拒绝了他的邀请。最后,当他独自走上那孤独的旅程时,才发现只有自己唯一的伙伴——好德行——愿意一路陪伴他,直至死亡。

　　普通人发现唯有好德行才会一路陪伴他,这无疑出自这出戏剧所宣扬的基督教道德,即你无法从这个世界上带走你所获得的任何东西,你只能带走你给予别人的东西。当然,对这出戏剧世俗的解读也可以看成"波动影响"的作用,即善行和美德对他人的影响可以超越你的自身而存在,也正因如此,通过善行和美德,你可以减轻旅程尽头的孤独和痛苦。

感激之道

　　就像其他有用的观念一样,"波动影响"能够对亲密关系的建立产生极大的影响。通过这种"波动影响"人们可以立即知道自己的生命如何给别人带来了益处。

朋友们会因为你所做或所想的事而感激你，但是感激不只如此。真正有影响力的讯息是"我把你的一部分放在我的心里，它们改变了我，丰富了我，我会把这些传递给其他人"。

通常，人们会通过给一个人的悼词来感激他/她对周围人的贡献以及对整个世界的波动影响。这种感激一般不会出现在这个人还在世的时候。你有多少次在葬礼上期望（或者多少次听见别人表达这种期望）死者可以亲耳听见别人对他们充满感激的悼词？我们之中又有多少人期望自己可以像斯克鲁奇那样偷看自己的葬礼？我自己就期望如此。

解决这个"太少、太迟"的问题可以通过"充满感激的拜访"来完成。这是一个让人在世时就能感受到"波动影响"的很好的方法。我最早从马丁·塞里格曼的工作坊中了解到这个方法，他是积极心理学运动的领导人之一。当时他让一大群学员进行了如下的活动：

> 想一个仍然在世，你非常感激却从未向他/她表达过的人。花十分钟的时间给那个人写一封感谢信。然后在这里找一个人和你一起分享你们的感谢信。最后一步是，记得在不久之后拜访一下那个人，带上你的那封信，大声读给他/她听。

在两人小组内的分享之后，有几个志愿者被挑选出来将他们的信读给在场的所有人听。无一例外，每个人在读自己写的信时都动了真情，忍不住潸然泪下。在这类活动中，真情自然流露，很少有参与者在读信的过程中不被情感的洪流所冲击。

我自己也参加了这个活动，并且给大卫·汉姆伯格写了一封信。他是我在斯坦福大学任教的头十年里精神病学系的系主任，工作非常出色。后来我路过他当时居住的纽约市时，我们一起度过了一个令人感动的夜晚。向他说出我的感激之情让我们双方都感觉很不错；他说，当我读信的时候他觉得非常开心。

随着我的年纪与日俱增，我也越来越多地考虑到波动影响。作为一家之主，外出吃饭时总是由我来付账，我的四个孩子也总是很有礼貌地感谢我（在他们不管用的推让之后）。我总是对他们说："谢谢你们的祖父本·亚隆吧。我只是继承了他的慷慨，他那时候总是替我埋单。"（顺便说一句，我当时也会推让，但同样不管用。）

波动影响和榜样的力量

在我带领的第一个晚期癌症患者的团体中，我常常发现参与者的沮丧情绪会互相传染。那么多人内心只有绝望，那么多人一天又一天聆听着死亡的脚步逐渐临近，那么多人觉得生活变得空虚，没有了任何意义。

终于有一天，一位团体成员用自己的决定打破了整个团队的沉重氛围，她说："我已经决定了。毕竟，有一些事情我还能做。我能为人们提供一个如何去死的好榜样。通过我自己充满勇气和尊严地面对死亡，我能给孩子们和朋友们做个好榜样。"

这份自我表露让她的生命提升到了一个新的境界，也让我和团体里其他所有成员有了新的提升。她找到了一种方式让自己的生命在最后一个阶段里同样有意义，同样熠熠发光。

在针对团体治疗师的培训中，观摩有经验的临床工作者如何带领团体至关重要。我常常让学生们观察我所带领的团体，有时候，我使用录像和监听设备，但更多的时候，我让学生们通过单向玻璃进行观察。虽然设置在教育机构内的团体允许学生们进行这种观察，但是，团体成员却对这些观察者充满抱怨，偶尔也会公开表达他们觉得被打搅的不满情绪。

这种情况在我所带领的癌症病人的团体中却不存在，他们欢迎观察者。他们觉得自己直面死亡的结果是变得更加明智，他们愿意把这些收获传递给学生们。

"多遗憾！"一个团体成员说，"直到现在，直到我们的身体里已经充满了癌细胞，我们才学会了如何活着。"

发现你自己的智慧

苏格拉底认为，最好的教帅——允许我补充一句，还有最好的朋友——能够通过提问帮助一个学生发现他/她自己的智慧。一直以来，真正的朋友都是这样做的，治疗师也是如此。下面这个故事讲述了一种对我们所有人都适用的简单易行的方法。

既然我们都会走向死亡，
我们为什么要活着，该怎样活着？——吉尔的故事

一次又一次，人们忍不住追问：如果一切最终都会消失，人生的目的到底是什么？虽然有很多人向外在的世界寻找这个问题的答案，但是，我建议你最好试试苏格拉底的方法，将注意力转移到自己的内心世界里。

吉尔是一位长期被死亡焦虑折磨的病人，她习惯性地把死亡和没有意义等同起来。当我询问她这个想法从何而来，何时开始时，她很清楚地回忆起了当时的场景。吉尔闭着眼睛描述了自己9岁时，她坐在前门门廊的柱子旁，为家里死去的小狗伤心不已。

"就是那时候，在那里，"她说，"我意识到既然我们全都会死，也就没有什么是真正重要的。我的钢琴课，我整理得干干净净的床，我在学校因为准时到校而获得的小金星，所有这些全都没有意义。既然那些小金星最终都会消失，它们又有什么意义呢？"

"吉尔，"我说，"你的女儿也9岁了，想象一下，如果她问你，'既然每个人都要死去，我们为什么要活着，该怎样活着？'你会怎样回答她？"

她不假思索地说："我会告诉她生活中有许多乐趣，比如欣赏大自然之美，和朋友、家人快乐地在一起，比如把爱带给别人、让世界变得更美好，等等。"

吉尔说完之后把背靠在椅子上，眼睛睁得大大的，她对自己所说的话感到很吃惊，好像在问自己："这些想法是从哪里来的？"

"说得好！吉尔，你的内心非常有智慧。这已经不是第一次当你想象在给女儿指点人生的时候发现自己的大智慧了。现在，你需要学习的是成为你自己的母亲。"

治疗的关键不是主动提供答案，而是找到一种方法帮助你的朋友或身边亲近的人发现他们自己的答案。

在对朱丽叶的治疗过程中，这个原则同样适用。朱丽叶是一位心理治疗师，也是一位画家，她的死亡焦虑来自于觉得自己未能完全实现自我。为了和丈夫竞争到底谁挣的钱多，她放弃了自己的艺术生涯（见第三章）。在治疗过程中，我采用了同样的策略，引导她以更长远的视角进行想象——假如她在给别人咨询的过程中遇到了一个像她那样行事的来访者，她会给对方怎样的回应。

朱丽叶立即回答说："我会直接告诉她，你过得真可笑！"这也说明了朱丽叶只是需要有人对她稍加指点，帮助她发现自己的智慧。治疗师的工作通常基于这样的认识，即一个人自己发现的真理远远比别人告诉他的更能发挥功效。

充实你的人生

正如朱丽叶一样,许多人的死亡焦虑来自于从未充分发展过自己的潜能,他们为此深深地感到遗憾。许多人之所以感到绝望正是因为他们的梦想没有成真,而更让人绝望的是他们甚至从未努力争取过。关注这种深层的不满足感往往能够帮助人们克服死亡焦虑,下文中杰克的故事便是如此。

死亡焦虑和没有活过的人生——杰克的故事

杰克是一位个子很高、衣着得体的律师,今年60岁。他走进我的办公室是因为一系列症状已经影响了他的正常生活。他用没有起伏也没有感情的声音告诉我,他对死有着强迫性的想法,甚至无法入眠;他的工作效率大幅下降,以至于收入都减少了大半;每个星期他都会强迫性地浪费好几个小时来制作详细的表格,计算自己的生命还剩下多少日子;此外,一周之内他总有两三次被噩梦惊醒。

由于他无法处理客户的遗嘱和财产安排方面的事宜,而这些正是他工作的大部分内容,他的收入减少了很多。他总是忍不住想到自己的遗嘱和死亡,那种步步紧逼的痛苦使得他不得不缩短和客户的交谈时间。即便如此,在谈话过程中,他还是会非常尴尬，甚至在言谈中遇到"死在……前面"、"去世"、"未亡人"、"抚恤金"等字眼时结结巴巴。

在我们第一次面谈的过程中，杰克似乎离我很遥远，说话也充满防卫。我试着用自己在这本书里已经介绍过的各种观念去触碰他的内心，给他带来一些慰藉，但是都没有成功。这时候，我注意到一个有些奇怪的地方：他所描述的三个噩梦里都出现了香烟，例如，在一个梦里他走过一条扔满烟头的地下走廊。但是，杰克告诉我他已经25年没有吸烟了。于是，我询问他香烟让他想到什么。他只觉得一片空白。在第三次咨询结束的时候，杰克终于声音颤抖地说出了自己内心的秘密。原来，他的太太在他们结婚40年以来一直每天吸食大麻。他一手托着头，一句话都不说，眼角瞥见另一只手上的表显示50分钟的面谈时间到了，于是杰克连招呼都没有和我打，逃跑似的离开了咨询室。

在接下来的一次面谈中，他谈到自己心里非常强烈的羞耻感。40年来，他和这样一个认知能力已经衰退、缺乏教养的瘾君子在一起，甚至连共同出席公众场合都让他觉得尴尬；但他却如此愚蠢地依然停留在这样的关系里。承认这个事实对他来说非常痛苦。

杰克在这次治疗中情绪波动很大，但是在快结束的时候，他逐渐放松下来。这些年来，他从未向别人谈起过这个秘密——有些奇怪的是，他甚至对自己都耻于承认。

在后来的治疗过程中，杰克决定开始尝试修复他和太太的关系，因为他不想再受更多的罪，况且他的婚姻状况不可能比现在更糟糕了。杰克的羞耻感和他保守秘密的需要使得他减少了其他社交活动。他认为自己实在是个笨蛋，他不相信任何人，甚至是他的姐姐。

现在，在杰克60岁的时候，他坚定地认为自己已经太老、太孤单了，已经没有能力离开他的妻子。他清楚地告诉我，任何关于结束婚姻或是威胁到婚姻关系的讨论都没有用，这超出了他的底线。虽然他的太太对大麻上瘾，但是他确实还爱她，需要她，还把他们的结婚誓言当做一辈子的承诺。他早已决定不要小孩了，因为他的妻子既没有办法在怀孕期间不抽大麻，也无法对孩子们负责，做他们的好榜样。

我意识到他的死亡焦虑可能和他没有充分地活出真实的自己、放弃了那些能给他带来快乐和满足的梦想有关。他的恐惧和噩梦来自于他内心深处的感觉——生命悄悄流逝，时间快到了。

我对他如此孤立尤其感到震惊。由于杰克想保守住这个秘密，除了他和妻子之间麻烦重重又充满矛盾的关系之外，他断绝了其他所有的亲密关系。通过聚焦于我和他之间的关系，我们开始讨论他的亲密感。一开始，我就向他澄清我永远不会认为他是个笨蛋。相反，他愿意和我分享这么多让我觉得受到尊重，我深深地理解杰克在面对一个全面衰退的伴侣时所遭遇的道德两难的困境。

几次面谈之后，杰克对于死亡的焦虑明显降低了。我们工作的重点也转移到了其他问题上,尤其是他和妻子之间的关系以及他的羞耻感如何妨碍他发展其他亲密关系。我们一起进行了头脑风暴,讨论有什么方法可以打破多年来阻止他发展其他朋友关系的秘密枷锁。我提议他可以参加治疗小组,但是这对他来说太有挑战性了,他拒绝任何可能打搅他们夫妻关系的过于激进的治疗。不过,他想到了两个人,一个是他的姐姐,一个是他曾经的好朋友,他决定试试看先向这两个人分享他的秘密。

此外,我着重聚焦于杰克自我实现的问题。他压抑了哪些可能自我实现的部分?他的白日梦里有什么?当他还是个孩子的时候曾期望在未来的人生里做些什么?过去他做过的事情中有哪些曾带给他发自内心的快乐?

下一次面谈时,他带来了一个厚厚的活页夹,里面装满了多年以来他的"随笔",大多是他在凌晨四点被噩梦惊醒时写下的关于死亡的诗。

"太棒了!"我对他说,"你把自己的恐惧转变成了这么美好的东西。"

在十二次治疗之后,杰克告诉我他已经达成了自己的目标:他对死亡的恐惧明显减少了,他的梦魇已经转变成偶尔夹杂着愤怒和挫折感的梦。杰克在我面前的自我表露使得他有了相信其他人的勇气,他和姐姐、以前的老朋友恢复了往日的亲密关系。三个月之后,杰克给我写了一封电子邮件,他说自己很好,不仅加入了网上的一个写作讨论群体,还参加了当地的一个诗会。

我和杰克的工作说明了被压抑的人生如何通过死亡焦虑的形式表现出来。他当然会害怕，会对死充满恐惧，因为他还从来没有过上自己真正想要的生活。

许多作家、艺术家用不同的声音表达了同样的看法。从尼采的"死得其时"到美国诗人约翰·格林丽夫·怀特的"在所有口述手写的辞句中，最悲哀者，莫过于'本来可以……'"，尽皆如此。

在我和杰克的工作中，我时常努力帮助他重新找到并发展他自己忽略的部分——从他对诗歌的爱好到他对亲密关系的渴望。治疗师通常都会意识到，帮助病人扫除自我实现的障碍远远比建议、鼓励、劝告他们更加有效。

我并没有为杰克指出适合他的社交机会以减轻他的孤立感，相反，我聚焦于他建立起亲密关系的最大障碍，即他的羞耻感和觉得别人都会把他当成傻瓜这一观念。同时，杰克和我日渐亲密也是非常重要的一步。孤独只存在于孤独之中，一旦与别人分享孤独，孤独也就不再存在了。

遗憾的价值

"遗憾"不是一件好事情，它通常包含着无法挽回的难过之情，但是"遗憾"也可以用得更加有建设性。实际上，在我帮助自己或他人审思自我实现的各种方法中，关于遗憾的观念，即我们不仅创造遗憾也在避免遗憾，是最有价值的。

正确面对遗憾，能帮助你采取行动来避免更多的遗憾。你可以通过回顾过去、前瞻未来来反思自己的遗憾。如果你回顾过去，你会为那些没有实现的梦想感到遗憾；如果你想象未来，你有可能会累积更多的遗憾，但也有可能从曾经的遗憾中走出来。

　　我常常让自己或我的病人想象一年之后、五年之后，甚至更多年以后，想想那时候自己又会有什么新的遗憾。接下来，我会问一个真正具有治疗作用的问题："假如你不想有新的遗憾，从现在开始你会怎样生活？你会做些什么样的改变？"

醒　悟

　　我们每个人都会在生命中的某些时刻——有时候是在年轻时，有时候会迟一点——突然醒悟到人生必然走向死亡。有很多契机会引发我们的这种醒悟。比如有一天，你在镜子里突然看到了自己松弛的脸颊、灰白的头发，还有弯曲的肩头；比如生日临近，尤其是五十、六十、七十大寿的时候；比如你遇到了多年不见的老朋友，惊讶地发现他／她居然老了这么多；比如翻看自己小时候的照片，童年时代那些熟悉的面孔如今已经有那么多离世；比如在梦中与死神邂逅……

　　这些体验会让你感觉怎样？会让你做些什么？你会因此抓狂、焦虑，试图躲开这个话题吗？或者，你开始美容祛皱、染黑头发，想在39岁的好年华里多待上几年？抑或是，你开始借助工作和按部就班的日常琐事来分散自己的注意力,忘记这一切,对自己的梦想视而不见?

我建议你不要把目光挪开。相反,你可以保持清醒,充分利用这些体验。当你看着照片里年轻的自己时不妨停下来,让那种心酸的感觉呈现出来,在你心里逗留一会儿,像品味甜蜜的欢愉一样品味心酸的痛苦。

记住,对死亡保持觉知。拥抱这人生的阴影会让你受益匪浅。这种觉知会让你的生命之光与死亡的阴影重新融合,在你还拥有这人生时拓展、丰富你的人生。**实际上,想要过上真正有价值的生活,对他人充满悲悯,对周围的一切心怀挚爱,唯一的途径正是去觉知,觉知当下所经历的一切都会随风消逝。**

很多次,我惊喜地看到我的病人在晚年发生了积极的人生巨变,甚至有些病人在临近死亡时发生了改变。记住,改变从来不会迟,你也永远不算老。

第六章
死亡意识：我的回忆录

> 随着我越来越走近人生旅途的终点，在这周而复始的生命之轮上，我也越来越接近起点了。这似乎是一种能让人得到安慰并做好准备的方式。那些沉睡的回忆如今——浮现在眼前，触动着我的心弦。
>
> ——《双城记》

尼采曾说过，如果想真正理解一位哲学家的思想，你必须要了解他的生平。对于精神科专家来说也是如此。从量子物理学到经济学、心理学、社会学等各个领域都存在着一条普遍的常识：观察者本身会影响观察结果。在前面几章中，我已经花了很多篇幅来描述我对病人们的生活与思想的观察结果；现在我将改变视角，谈谈我自己对于死亡的观念，以及这些观念来自哪里，它们如何影响着我的生活。

与死亡面对面

我能记得的最早与死亡的碰面是在我五六岁的时候,爸爸养在杂货店里的一只名叫斯瑞皮的猫被车撞死了。当时,我看着它躺在人行道上,一丝血迹从它的嘴里流出来。我撕下一块弹球大小的汉堡放在它的嘴边,但是它完全不理会,大概它只对死有兴趣了。我什么也不能为斯瑞皮做,心里空空的,充满了麻木的无力感。我不记得自己当时是否由此得出了明确结论,认定如果所有活着的东西都会死,那么我也会。但是,这只猫儿死去的细节却是异常清晰地刻在我的脑海里了。

我第一次经历周围的人去世是在二三年级的时候,我的同学 L. C. 死了。我不记得他为什么会死,也许我根本就不知道,我甚至不太确定我们是否是好朋友或是一起玩过。我仅仅记得几个零星的片段,比如 L. C. 有白化病,眼睛总是红红的,他的母亲总是在他的饭盒里装上夹着酸菜的三明治。我当时觉得这很奇怪,以前我从来没有见过三明治里夹酸菜的吃法。

突然有一天,L. C. 没有来上学。一个星期之后,老师告诉我们他死了。除此之外,老师什么也没有说,也再没有人提起过他了。L. C. 就好像一具裹着白布的尸体直接从甲板上被抛入黑沉沉的大海里,无声无息地消失了。但是,一切又是如此历历在目,七十年过去了，我甚至还可以感受到用手指触碰他那诡异的硬硬的白发时的感觉。我还记得他的样子，记得他惨白的皮肤，他的高帮鞋，还有那双看上去很吃惊的大眼睛，仿佛我们昨天还刚刚见过面一样。也许这一切不过是我自己重新塑造出来的，也许我只是在想象，他这么年幼就被死神召去了，当他见到死神先生时会多么吃惊呀！

"死神先生"是我从小就开始用的词。我从 E. E. 卡明斯的一首名为《水牛比尔》的诗中看到了这个词，它让我深深地感到震撼。从那时起，我就牢牢地记住了这个词。这首诗是这样的：

> 水牛比尔走了
>
> 他曾骑过一匹银色的马
>
> 他曾宰过一、二、三、四、五只鸽子
>
> 主啊，他是如此英俊
>
> 死神先生，我只想知道
>
> 你是否喜欢这个蓝眼睛的男孩子？

对于 L. C. 的消失，我不记得自己有什么感觉。弗洛伊德认为我们会故意抹去记忆中那些不愉快的情感，这倒蛮适合我，也解释了我为什么能如此清晰地记得那些画面却没有任何情感。我觉得更合理的推论是我对这位突然故世的儿时伙伴其实是有很多感情的，否则我为什么不记得那时候其他同学的样子或任何片段，唯独是 L. C. 呢？又或许，我之所以记得那么清楚正是因为自己突然领悟到，我的老师、同学，还有身边的每个人迟早都会像 L. C. 那样消失得无影无踪。

那首诗之所以能够深深扎根于我的脑海中，也许是因为在我的青少年时代，"死神先生"的确拜访过我所认识的另一个男孩。那个蓝眼睛的男孩名叫艾伦，他的心脏有点儿问题，总是生病。我记得他那张忧郁的脸，还有搭在他额前的一缕浅棕色的头发，艾伦总是用手指把那缕头发拨上去；我还记得那又大又重的书包和他虚弱的身体相比显得那么不协调。有一天晚上，我在他家过夜，我决定试着——我想当时这不会太难——问问他到底得了什么病。"艾伦，你到底怎么了？他们说你心脏上有个洞是什么意思？"这真是糟透了，就好像在用肉眼直视骄阳……我不记得他是怎么回答的，也不记得自己在想什么或是感觉怎样了，但是显然有某种力量在我心里低低地呼号着，就好像挪动笨重的大家具时发出的声音，让我选择性地记住了这些，只有这些。艾伦死的时候才 15 岁。

我并没有像许多孩子那样在葬礼上直接面对死亡，因为我的父母觉得小孩子不该参加这类仪式。但是在我 9 岁或 10 岁的时候发生了一件大事。一天晚上，电话铃突然响了，我父亲接了电话之后几乎当即大声嚎哭了起来，这让我吓了一跳。原来，我的叔叔梅尔死了。我无法忍受父亲那样的哀嚎，于是冲出门去，绕着附近的街区跑了一圈又一圈。

我的父亲是一个安静又温和的人，他如此悲恸、不能自已，意味着有些重大的、不祥的、可怕的事情发生了。当时我7岁的妹妹也在家，但她完全不记得这些，却记得另一些我忘记的事情。这就是压抑的作用，如此精妙的选择过程决定了一个人记得什么、不记得什么，也就构建出了我们每个人独一无二的内心世界。

我的父亲在他46岁时险些死于冠心病。那天半夜，我害怕极了，我母亲更是心烦意乱。她匆忙想为这悲惨的命运找些解释，找个替罪羊来责难，14岁的我当时撞上了她的枪口。母亲说这样的灾难完全是因为我的调皮捣蛋、无礼、打乱家庭生活所造成的。那天晚上，当我的父亲痛得四处翻滚时，她不止一次地朝我尖叫："就是你害死他！"

十二年后，当我在一次心理分析过程中提到这件事情时，受过严格正统训练的精神分析师奥里弗·史密斯忍不住流露出她内心温柔的情感。她感叹着，靠近我说："太糟糕了。那对你来说是多么可怕的事情啊！"通过她设身处地而措辞得体的澄清，我想起了更多事情。而那充满关怀的一刻她伸出援手让我在近五十年后依然心存感激。

那天晚上，我的母亲、父亲和我绝望地等着曼彻斯特医生的到来。终于，我听见他的汽车轮子轧过秋叶的声音，飞似的冲下楼去开门。医生那熟悉的、带着微笑的圆脸融化了我内心的痛苦。他把手放在我的头上，摸了摸我的头发，安慰了母亲几句，并给我父亲注射了一剂药物（也许是吗啡），然后，医生把听诊器放在我父亲的胸前，一边让我听一边说："看，在跳呢。正常得很，他就快就会好了。"

那天晚上在各方面对我来说都是个生命的转折点,但是我记得最清楚的却是曼彻斯特医生来到家里时我那种难以用言语表达的安心、放松的感觉。正是从那时候开始,我决定像他一样做一名医生,把他带给我的那种安心、舒适的感觉也带给其他人。

我的父亲那天晚上活了下来,但是二十年后,他当着全家人的面突然离世。那天,我和太太、三个孩子正在华盛顿看望妹妹,我父亲和母亲刚刚开车回来,父亲坐在客厅里,抱怨自己有点儿头痛,然后就故去了。

我的妹夫也是位医生,他当时彻底呆住了。后来他说,在他三十年的执业生涯中从来没有目睹过如此迅速的死亡。我当时强作镇静地重击父亲的胸口(心肺复苏法是后来才出现的),他却没有任何反应。我冲过去拉开妹夫的手提包,拿出注射器,然后撕开父亲的衬衫,给他的心脏处注射了一剂肾上腺素,但这些都没有用。

后来我对自己这些无用的举动非常自责。当我平静下来想想自己所受过的神经科训练时,我意识到问题不在心脏而在大脑。当时我看到父亲的眼睛突然颤动到右边,应该知道对心脏的任何刺激其实都不管用——父亲一定是在右边大脑出现了脑溢血(或是脑血栓),所以他的眼睛才会往中风的那一侧转动。

在父亲的葬礼上,我无法保持冷静。当轮到我把第一铲土盖在父亲的棺材上时,我几乎要晕过去。如果不是一位亲戚拉住我,我差点儿掉进了父亲的坟墓里。

我母亲后来又活了很久,直到93岁高寿才离开人世。我还记得在她葬礼上的两个片段。

第一个片段和烤点心有关。在母亲葬礼前的一个晚上,我突然有点儿强迫似的想烤一炉妈妈最喜欢的点心。我怀疑自己其实是想分散一些注意力,况且和妈妈一起烤点心对我来说是非常开心的回忆,我想再次感受和她在一起的感觉,哪怕只有一点点也好。于是我做了生面团,让它发酵了整夜。第二天早上,我一边揉面团,一边加入肉桂、菠萝酱、葡萄干,再放入烤箱烘烤,做好之后与那些参加完母亲葬礼回来的家人、朋友一起分享。

但是,这点心做得很失败,也是我做点心以来唯一失败的一次:我忘了加糖!也许,这正是我内心深处传递的讯息。我的无意识在提醒自己——你太关注妈妈冷酷的那一面了!我的无意识仿佛在轻轻推着我说:"你看,你忘记甜蜜的部分了。她对你的照顾,还有她对你没有说出来的深深的、无限的爱。"

第二个片段发生在葬礼那天晚上。我做了一个印象深刻的梦。我母亲已经去世十五年了,但是这个梦丝毫没有随着岁月消逝,依然在我眼前栩栩如生。

我听见母亲尖声叫着我的名字。我匆匆忙忙跑下楼,跑向我儿时的小屋。一打开门,迎接我的是大家庭的所有成员,他们一排又一排地坐在楼梯上(他们都已经去世，我母亲是最近去世的一个，她比所有这些人都活得长）。当我看着这一张张笑脸时，发现麦尼姑姑在正中间，她像一只蜜蜂一样浑身颤动着，动得非常快，她的身影都变得模糊了。

我的麦尼姑姑几个月前刚刚去世。她的死实在让我吓坏了：一次严重的中风让她全身瘫痪，虽然她还有意识，却浑身上下除了眼皮一块肌肉都动不了（也就是闭锁综合征）。她就这样一直瘫痪着，直到两个月之后离开人世。

但是，在这个梦里麦尼姑姑却出现了。她位于整个家族的前面、正中间，狂乱地颤动着。我觉得这是一个反梦，也是对死亡的对抗——楼梯上的麦尼姑姑不再瘫痪了，她又能动了，并且动得非常快。实际上，整个梦都在试图让死亡变得无效，比如我的妈妈还在，她活得很好，像往常那样叫我；比如我看见了整个家族的成员，他们都坐在楼梯上冲着我笑，仿佛在告诉我他们依然活着。

我觉得这个梦也传递了另一个讯息，那就是"记住我"。我的母亲叫我的名字意味着她告诉我："记住我，记住我们所有人，不要让我们就这样彻底消失。"我照她的话做了。

"记住我"这句话总是让我觉得感动。在我的小说《当尼采哭泣》中，我描述了尼采如何在墓地里游荡，看着那些林立的墓碑，随性写下了几行诗句，最后几句是这样的：

> 这一块又一块的墓碑
> 没有人听见
> 也没有人看见
> 每一块都在温柔的呜咽着：
> 记住我，记住我

我在一闪念之间为尼采写下了这些句子，也很高兴我写的第一首诗能有机会出版。但一年之后，我发现了一些奇怪的事。当时，斯坦福大学精神病学系正搬迁到一幢新大楼去。在搬迁的过程中，我的秘书在我的文档柜后面发现了一个又大又鼓、密封起来的信封。从它泛黄的颜色来看，这个信封落在这里已经很多年了。在这个信封里，我找到了自己在青少年时期好几年中写的诗。在这些诗里，我居然找到了和我在小说中为尼采写的诗一模一样的句子。我曾以为那些诗是自己为小说新创作的，没想到早在十几年前父亲去世时我就已经写下这些了。我抄袭了我自己！

当我写这一章回忆起我母亲的时候，我做了另一个令人困扰的梦：

> 一个朋友到家里来拜访我，我带他参观我的花园，向他介绍我目前的研究。突然，我发现自己的电脑不见了，也许是被偷了。不仅如此，我那张大而凌乱的书桌也被完全清理干净了。

我惊慌地从这个噩梦中醒来,不断对自己说:"冷静点,冷静点。你到底害怕什么?"我知道,即使在梦中我的恐慌也是没有理由的。我只不过丢了一台电脑,况且我总会把电脑中的数据在其他安全的地方另做备份。

第二天早上,当我还在为这个梦感到疑惑的时候,我接到了妹妹的一个电话,我曾把这章回忆录的前半部分寄给她看。原来,她对我回忆起来的内容感到很吃惊,在电话里向我讲述了她能想起来的部分,其中包括一些我已经忘记的内容。妹妹说,母亲做完髋部手术之后在医院休养,妹妹和我则在公寓里为她做一些文字工作。突然,我们接到医院的紧急通知要求马上赶过去。我们立即赶到那里,冲进病房,结果只看见一张空空的床垫——母亲死了,她的遗体已经被挪走了,所有她曾经待过的痕迹都消失了。

当我听着妹妹谈起这些的时候,那个梦的含义渐渐变得清晰起来。我开始明白在梦里我害怕的其实不是那丢失的电脑,而是我的书桌。它就像妈妈的那张病床,完全地被清空了,什么都没有留下。这是一个预言着我自己将面对死亡的梦。

我自己直面死亡的经历

我在14岁时曾与死亡擦肩而过。那天,我刚在华盛顿十七街的老歌顿宾馆参加了一场国际象棋比赛,正在街角等着公车回家。当我一边等一边翻阅着自己在比赛上的记录时,其中的一张纸从我手中滑落,掉在街道上。我出于本能地弯下腰去捡那张纸,没想到一个陌生人从后面撞了我一下,而就在这时候,一辆出租车以极快的速度在离我头部十几厘米处飞驶而去。我对这件事的印象非常深刻,无数次在头脑中重新回放这个画面。直到现在,当我描述这个画面的时候依然会觉得心跳加快。

几年前,我因严重的臀部疼痛去看一位外科矫形医生,他让我进行了X射线检查。当我们一起观看测试结果时,这位医生非常愚蠢又迟钝地指着X光片上的一个小点,以专业人士透露内幕的口吻认真地对我说,这可能是组织变异。换句话说,他给我判了死刑。这位医生建议我做一个核磁共振成像检查,但因为那天是周五,核磁检查要三天后才能进行。在那痛苦的三天里,死亡铺天盖地地占据了我的头脑。我尝试用各种方式让自己感觉舒服一点,有意思的是,我居然在自己刚刚完成的小说里发现了最有用的方法。

尤利斯是我的小说《叔本华的眼泪》中的主人公,他是一位年迈的精神科医生,被诊断得了癌症。我用了很长的篇幅描述他如何与死亡斗争,如何让他所剩无几的时光过得更加有意义。直到他打开尼采的那本《查拉图斯特拉如是说》时,永恒轮回的思想实验才让他得到了真正的帮助。(见第四章我如何将这个永恒轮回的观念用在心理治疗中。)

尤利斯认真地思索了尼采所提出的挑战。他愿意一遍又一遍地重复他已经度过的生活吗？他意识到，不错，自己是过得很好，并且——

几分钟之后，尤利斯开始确定地知道自己要做什么以及该如何度过这人生中最后一年。他将以和去年一样的生活方式继续度过这一年，和前年以及以前任何一年都一模一样。他喜欢做一个治疗师，他喜欢与别人产生心灵的联结，给别人的生命中带来一些不一样的东西……也许，他需要的其实是赞美，其实是他所帮助的那些人给予他的肯定和感激。即使这样，即使是那些阴暗的动机促使他做一个治疗师，他也依然对这份工作充满感激。

读这些自己写下的文字让我得到了心灵的慰藉。"圆满人生"、"实现潜能"，现在我更加理解尼采这两句格言的含义了。我自己的小说主人公尤利斯给我指明了一条路，我也和尤利斯一样体验到了强大的、不同寻常的生命瞬间。

实 现 潜 能

我觉得自己还算比较成功，在斯坦福大学做了多年的精神病学教授，同事和学生们都很尊敬我。作为一名作家，我知道自己和同时代的许多作家相比缺乏诗意的想象力，我一直充满敬畏地拜读他们的作品，从中获得了宝贵的体验。但我很善于讲故事，写了很多小说及其他类的书籍，还获得了许多读者的肯定和赞赏，这已远远超出我的梦想。

以前，在快要举行讲座之时，我总会想到一些可能的危急情况，比如一位资深的心理分析师可能会突然站起来宣布我的发言一塌糊涂。但是，现在这种恐惧消失了，因为听众之中再不可能有人比我更老了。

多年以来，我得到了读者、学生们无数的鲜花和掌声，有时候我会飘飘然；有时候，当我认真回顾自己当初写下的文字时，却觉得还远远不够；有时候，我会惊诧于别人对我夸大其辞的称赞，提醒自己别太当真了。每个人都需要相信这个世界上的确有智慧老人，我年轻的时候也曾寻找过这样的人。现在，自己足够老了，反倒像一个合适的容器承载了其他人的这番夙愿。

我觉得人们对心灵导师的渴望正反映出我们内心的脆弱，以及我们对于杰出人物的需要。许多人，包括我自己，不仅珍视这类杰出的导师，而且相信他们有着超出其个人能力的智慧。几年前，在一位精神病学教授的纪念会上，我聆听了我先前的一位学生的致辞，他叫詹姆斯，现在在东海岸一所大学的精神病学系担任系主任。我对这位教授和我的学生都很了解，让我吃惊的是，在他的讲话中，詹姆斯把自己的很多创造性的观点加在了他已故的导师身上。

后来我把自己的观察告诉了詹姆斯，他有些害羞地笑了，说："啊，欧文，你还在教我呢！"他承认我是对的，但不太确定自己这样做的动机是什么。我想起古代作家总是把自己的作品冠以老师的名字，以至于研究古典文学的学者很难分辨许多名著的真正作者到底是谁。比如，托马斯·阿奎那就把他自己的很多思想都归在他的老师亚里士多德的名下。

我们每个人都十分渴望去崇敬某些伟大的人，高呼那句令人兴奋的话："我的贤人！"也许，这就是弗洛姆所说的"被征服的渴望"，这也是宗教产生的基础。

总之，我觉得自己在个人生活和专业领域都达到了自我实现，也发挥出了自己的潜能。这种自我实现不仅给我带来满足感，而且使得我在面对生命无常和渐渐逼近的死亡时心中有底。实际上，治疗师的工作在很大程度上一直是我面对死亡的良药。我觉得自己的职业非常神圣，看着他人的生命如花盛开实在令我心满意足。心理治疗提供了最好的机会，使得治疗师能够对他人产生"波动影响"。在每次工作的一个小时里，我总是试图把自己心灵深处的一些东西传递出去，把那些我所获得的人生礼物传递出去。

（此外，我也很想知道对于我们这些专业人士来说，这种波动影响能够持续多长时间。我曾在临床实践中和几位心理治疗师一起工作过，他们刚刚修完几乎囊括了全部认知行为治疗相关知识的系统培训课程，却对于今后将以这种行为主义的视角与病人机械地进行心理治疗工作深感绝望。我也很想知道，那些受训以认知行为模式与病人工作的治疗师在自己需要帮助的时候该怎么办呢？我想应该不会是去找自己学校的同事吧。）

我自己青睐的治疗方法聚焦于人际问题和存在主题，并假设无意识存在（虽然我所指的"无意识"概念的内涵与传统精神分析大相径庭）。因此，我也非常渴望将这门治疗方法传承下去，介绍给更多的人。正是这种渴望使得我至今依然坚持治疗工作，并笔耕不辍。即便如此，就像罗素所说的："有一天，太阳系也会毁灭。"虽然我不相信这个宇宙与我们的生活息息相关——只有人类社会，只有人与人之间的关系才和我们有关，但我也无法与其争论。如果只是离开一个空荡荡的世界，一个心灵没有自我意识的世界，我实在不会觉得有任何悲伤或难过。波动影响的观点，即把自己生命的馈赠传递给其他人意味着与其他具有自我意识的心灵形成联结。没有自我意识，波动影响是不可能发生的。

死亡和我的导师们

大约在三十年前，我开始着手写一本关于存在主义心理治疗的书，为了写这本书，我与身患重病、临近死亡的病人工作了多年。许多病人从其苦难的经历中获得了生命的智慧，他们是我的心灵导师，对我的人生和工作产生了长久的影响。

除此之外，我还有三位出色的导师——杰诺梅·弗兰克、约翰·怀特霍尔和罗洛·梅。他们生命的最后阶段给予我的教诲让我终生难忘。

杰诺梅·弗兰克

杰诺梅·弗兰克是我在约翰·霍普金斯大学就读时的一位教授，他也是团体治疗的先驱者，正是他带领我走进了团体治疗的圣殿。并且，他在个人生活和学术研究中的刚正不阿对我影响至深，让我终生受益。在结束团体治疗的训练之后，我依然与弗兰克教授保持着密切的联系，后来他居住在巴尔的摩疗养院，我会定期去探望他。

杰瑞[1]在九十多岁的时候患上了进行性的老年痴呆。我最后一次去拜访他的时候正是他95岁去世前几个月，他当时已经不认识我了。我和他待了很久，讲了很长时间的话，回忆着这么多年以来我们经历过的种种片段，还有那些和我们一起工作过的同事。渐渐的，他记起了我是谁，他一边难过地摇着头，一边为他的记忆丧失而向我道歉。

"真抱歉，欧文，但是我没法控制。每天早上，我的记忆、所有的一切都被抹去了。"他一边说一边用手在前额上摩挲着，就好像在擦黑板一样。

---

[1] 在英文中，杰瑞是杰诺梅的昵称。——译者注

"杰瑞,那对你来说一定糟糕透了。"我说,"我记得你一直为自己超凡的记忆力感到自豪。"

"其实没那么糟糕。"他回答说,"早上我起来,在病房里与其他病人、工作人员一起吃早餐。每天早上他们都像是陌生人,但是到了晚上我们就彼此熟识了。我会看电视,让人把我的轮椅推到床边,看看外面的景色。我享受我所看到的一切,就像是第一次看见这一切,只是看就让我如此享受。其实没那么糟糕,欧文。"

那是我与杰诺梅·弗兰克的最后一面。他坐在轮椅上,脖子耷拉得那么长,他不得不竭尽全力抬起头看着我。他自己深受老年痴呆的折磨,却仍然尽力教导我:当一个人失去一切的时候,依然可以享受最单纯的快乐。

我珍藏了这份礼物,这是一位杰出的导师在生命的最后阶段给予我的慷慨馈赠。

约翰·怀特霍尔

约翰·怀特霍尔是精神病学领域的杰出人物。三十年来,他在约翰·霍普金斯大学连任精神病学系主任,在我求学期间对我产生了极大的影响。他是一个有些害羞、谦和,但威严的人,头上有一圈精心修剪成新月形的灰发,戴着金丝边眼镜,脸上没有一丝皱纹,总是穿着灰色的西装。(我们这些学生猜测,他的衣橱里一定有好几件同样的衣服。)

当怀特霍尔教授做报告的时候，他没有任何多余的表情——他只动嘴唇，除此之外，他的手、脸颊、眉毛全都纹丝不动。我从来没有听到别人，甚至他的同事叫他"约翰"。所有的学生都害怕他每年举办的正式的鸡尾酒会，酒会上他总是只喝一小杯雪利酒，什么都不吃。

在我接受精神病学训练的第三个年头，五位师兄和我每周四下午都会和怀特霍尔教授待在一起。此前，我们会在他橡木墙壁的办公室里共进午餐。饭菜很简单，但十分精致，亚麻桌布、闪闪发光的银色托盘，还有骨瓷餐具都是那么优雅。午餐期间的谈话总是很轻松，持续很长时间。虽然，我们每个人都会接到电话催促我们赶快回去工作，以防病人需要我们，但怀特霍尔教授却从来不会因此忙乱起来。最终连我，这个团队里面最容易激动的家伙，也逐渐学会了放慢速度，把握时间。

在这两个小时里，我们有机会向教授询问任何事情。我记得自己的问题包括偏执狂的成因，外科医生对于自杀的责任，还有治疗性改变与环境决定论之间的关系等。虽然他总是详尽地回答这些问题，但是他却更愿意谈论其他主题，比如亚历山大大帝的用兵策略、波斯弓箭手的精准程度、盖茨堡战役的重大失误等，当然，他最愿意谈论的还是他正在改进的元素周期表（教授早先曾受过化学方面的训练）。

吃完饭之后，我们围成圈观摩怀特霍尔教授对四到五个病人进行治疗。你通常无法预期每次面谈会有多长时间，有些需要

15分钟，还有一些则需要两三个小时。他总是不紧不慢的，仿佛有着充足的时间。没有什么比病人的职业和爱好更让他感兴趣的了。上一周，他可能会鼓励一位历史教授深入地分析西班牙舰队失败的原因；下一周，他又会激发一位南美农场的种植者用一个小时来介绍咖啡树，仿佛怀特霍尔教授最重要的工作目标就是了解咖啡树的种植海拔和咖啡豆品质之间的关系。然后，他会看似不经意地把话题转移到病人的个人问题上。当一位多疑的病人突然开始坦诚地谈论自己，谈到他眼里病态的世界时，我常常惊叹不已。

让病人来教导他而不是关注病人的病理学，怀特霍尔教授由此与病人真正产生了联结。他的这种策略总能强化病人的自尊，同时也激发了他们在治疗室里敞开心扉的愿望。

有些人可能会说这是一个"骗人"的治疗师。但是，怀特霍尔教授并没有骗人，他的确希望从病人身上学到一些东西。他喜欢收集不同的讯息，也正是通过这种方式，多年以来他采撷到了诸多令人惊叹的奇闻逸事。

他常说："如果你让他们来教导你关于他们的生活和兴趣的知识，你和你的病人就双赢了。你不但会被病人启发，而且最终会得到你想要了解的关于他们症状的一切。"

怀特霍尔教授对我的专业生涯乃至整个人生产生了极大的影响。许多年以后，我得知，正是因为他在推荐信中对我大加赞赏，我才得以在斯坦福大学任教。我在斯坦福大学执教之后，除了他曾指定以前的一位学生到我这里做了几次治疗之外，我们有好几年再也没有别的联系。

有天清晨，我接到他女儿的一个电话（我并没有见过他女儿），着实吓了一跳。他女儿告诉我，怀特霍尔教授得了很严重的中风，快不行了，特别期望我能再去见他一面。于是我立即动身。路上我一直在想一个问题："为什么教授期望见的是我呢？"我这样想着，一下飞机便直接去了他所在的医院病房。

怀特霍尔教授非常虚弱，半边身体已经瘫痪了。并且他得了表达性失语症，这严重影响了他说话的能力。

看到我所认识的最善于表达的人流着口水、词不达意，我非常震恸。最后，他好容易控制住了嘴唇，含含糊糊地说："我……我……我害怕，真他妈的害怕。"老实说，我也怕。看见这样一位杰出人物倒下了，这让我非常害怕。

但为什么怀特霍尔教授想要见我呢？他培养了两代精神病学家，许多学生在名校担任要职。为什么选择我这样一个移民过来的贫困的杂货商的儿子呢？而且我又是那么容易焦虑、自我怀疑，我能为他做点什么呢？

直到最后我也没能做点什么。就像对很多焦虑的来访者一样，我绝望地想找一些话来安慰他，直到25分钟之后，他睡过去了。后来，我得知他在两天之后离开了人世。

"为什么是我？"这个问题在我的脑海里萦绕了多年。也许，我正好取代了他的儿子。据我所知，他的儿子死于残酷的第二次世界大战之中。

我想起他退休时的宴会,那时候我刚刚完成了最后一年的精神病学课程。怀特霍尔教授与许多知名人士相互交谈,并接受他们的祝福之后,宴会即将结束了。他站起来正式开始他的告别演讲。

"我听说,"他说,"你可以通过一个人的朋友来判断他的为人。如果这句话是真的,"在这里他故意停下来让听众来思考,"我一定是一个很不错的人。"很多次我也把这句话用在自己身上,对自己说:"如果他觉得我真的还不错,我一定的确还不错。"

后来,又过了一段时间,在我对死亡有了更多了解之后,我开始觉得怀特霍尔教授死得非常孤独。毕竟,他不是死在亲密的朋友和家人的身边。他找到我这个十年没有见过面的学生,即使从未和我共享过亲密时光。这不能说明我有任何特殊之处,而只透露出怀特霍尔教授是多么渴望与他人之间的联结,他渴望爱与被爱。

回首往事,我常常期望自己能再有一次机会去拜访他。我知道自己飞越整个国家去看望他已经带给他一些安慰了,但是我真希望自己还能做得更多一点。我应该触摸他,拉拉他的手,甚至抱抱他,亲吻他的脸颊。但是,他是那么严厉,好像拒绝一切,我怀疑这么多年以来没有人不害怕抱他。我自己就从来没有触碰过他,我也没有见过任何人与他有身体的接触。我希望自己能有机会告诉他,他对我有多么重要,他的工作方式如何深深地影响了我,还有,当我和病人面谈的时候我会多么频繁地想到他,用他的策略来进行治疗。在某种意义上,他临终前对我的邀请带给了我一份最后的礼物,虽然我可以肯定,怀特霍尔教授一定没有想到这么多。

罗洛·梅

罗洛·梅对我来说,起初是一位作家,一位心理治疗师,最终,我们成了朋友。

在我接受精神病学训练的前几年,我对当时的理论模式既困惑又不满。在我看来,无论是生物学模式还是心理分析模式都忽略了人性中最重要的部分。在我接受精神病学训练的第二年,罗洛·梅的《存在》出版了,我贪婪地阅读着这本书的每一页,一扇全新的、洒满阳光的窗户在我面前打开了。我立即开始学习哲学,参加了本科生的西方哲学选修课。自此之后,我一直阅读哲学方面的书籍,参加相关的课程。在我看来,这些哲学思想中蕴藏着与心理治疗关系密切的大智慧,甚至远远超出了我自己所学的专业领域。

我非常感激罗洛·梅的那本书,它为人类的心理问题指明了一条更加睿智的坦途。(尤其是他的头三篇文章,其他几篇的思想译自欧洲的存在分析师,我个人觉得相比之下不太有价值。)多年之后,当我在与癌症患者的工作过程中产生了死亡焦虑的时候,我决定找他去做心理治疗。

罗洛·梅的居所离我在斯坦福大学的办公室要八十分钟的车程,但是我觉得花费这些时间是非常值得的。三年里我每周都去见他,只有每年夏天他在自己位于东海岸的小屋度假的那三个星期除外。我试着更积极地利用往返途中的时间,于是便录下我们的治疗,在每次开车前去的时候放上一次的治疗录音听。后来我常常建议那些不得不花费很长时间来找我做治疗的病人采用这种方法。

我们大部分时间都在谈论死亡,还有我和那么多临终患者一起工作带给我的焦虑。伴随着死亡,我所体会到的最强烈的是孤立感。有一次,我在巡回讲座期间被夜幕降临之后强烈的焦虑所困扰,于是,我计划在离他办公室不远的小旅馆里单独待上一夜,并且在这一夜前后两天都和他预约了治疗。

正如我所预料的,那天晚上我的心里的焦虑无边无际,噩梦连连。梦里有追赶的画面,还有可怕的女巫从窗户外面伸进手来。虽然我们试图一同探讨死亡焦虑,但是,我觉得我们其实从心里并未敢睁开眼睛直视骄阳——我们都不敢像本书中所建议的那样,完完全全直面那令人心惊胆战的死亡。

但是,大体而言,罗洛·梅对我来说是一位非常出色的治疗师。在我们结束治疗之后,他主动和我结交,并且对我的《存在主义心理治疗》有着不错的评价。这本刚刚付梓的书整整花费了我十年的光阴。我们轻松地讨论着其中的难点,逐渐从医患关系转变成了朋友关系。

随着岁月流逝，我们之间的角色又转变了。罗洛·梅后来遭遇了几次小的中风，这使得他经常感到混乱和惊慌，有时候会向我寻求支持。

一天晚上，他的太太乔吉亚打电话给我说罗洛·梅快不行了，让我和太太立即赶去。那天晚上，我们三个人轮流坐在他的身边照看他。当时他已经失去了意识，因为严重的肺部水肿，他的呼吸非常吃力。最终，在我照看他的时候，他最后一次痉挛似的吸了口气，与世长辞了。乔吉亚和我清洗了他的身体，做了一些准备等待殡葬人员的到来。清晨时殡葬人员来了，把他送去了火葬场。

那天我回家睡觉时心里充满恐惧，对他的死，对即将到来的葬礼，都觉得非常害怕。我做了一个情绪强烈的梦：

> 我和父母、妹妹走在一家商场里，我们决定上楼去。我发现自己独自一人上了电梯，而我的家人不见了。电梯向上走了很长很长时间，当电梯门打开时，我发现自己到了热带海滩。我到处找我的家人，却看不到他们。虽然这是个不错的地方——热带海滩对我来说是天堂——但我却开始觉得周围危机四伏。接下来，我穿上了一件印有防火熊（smoky the bear）可爱笑脸的睡衣。睡衣上的那张脸变得越来越亮，越来越耀眼。很快，这张脸成了整个梦境的中心，就好像梦里的所有能量都转化成了防火熊那张可爱的笑脸。

我从梦中惊醒,并不是因为害怕,而是因为那睡衣上发光的标记是如此耀眼,就像是强力照明灯突然照亮了我的卧室。在梦的一开始,我觉得平静,甚至还有些开心,但是一旦我找不到自己的家人,那种大难临头的预感和恐惧就开始侵袭我了。此后,所有的一切都改变了,梦里只有闪闪发光的防火熊。

我很确定在防火熊耀眼的笑脸背后隐喻着罗洛·梅的火葬仪式。他的故去使我不得不面对自身的死亡,这种恐惧在梦中呈现出来,比如我与家人的隔绝以及电梯无休无止地向上升。我惊诧于自己的无意识那么容易受骗。我把好莱坞电影中死后的场景拉进梦里来了,这可真让人尴尬。比如梦里上升的电梯,还有非凡的关于天堂的电影画面——给塞进了热带海滩(虽然是天堂,却完全地与世隔绝,离真正的天堂还差那么一点儿)。

这个梦也呈现出为了降低死亡恐惧而进行的英雄般的尝试。那天我对罗洛·梅的去世和即将到来的葬礼充满恐惧,带着这种恐惧便睡过去了。梦试图减轻这些经历带来的恐惧,使它变得可以承受。死亡改头换面成了一段通往热带海滩的电梯之旅。即便是火葬仪式也被梦加工得比较友好,看上去就像一件睡衣——等待着死亡的"睡眠",而这死亡竟是以可爱的防火熊的形象出现的。

这个梦恰如其分地证实了弗洛伊德的论断,即梦是睡眠的保护者。我的梦非常努力使我睡着,避免让自己变成可怕的噩梦,它就像水坝一样挡住恐惧的大潮,但水坝还是裂开了,恐惧的情绪渗入了梦境里。即使如此,梦依然在做最后的努力,它把恐惧的情绪转化成可以接受的可爱小熊的意象,而这可爱的小熊最终越来越炽热,变成了耀眼的光芒把我从梦中惊醒。

我自己如何应对死亡

大多数读者都想知道我在75岁时写这本书是否是为了面对自己的死亡焦虑。我想我应该更加坦诚一些。我总是问我的病人这样的问题:"死亡最让你害怕的是什么?"现在,我同样扪心自问。

我首先想到的是离开妻子的痛苦。当我们都还只有15岁时就已经是彼此的灵魂伴侣了。一个画面涌进了我的脑海,我仿佛看见她独自一人钻进车里驾车离开。让我解释一下,每周四我都会开车去旧金山接待病人,而我的妻子则乘坐周五的火车从帕洛阿图赶来和我共度周末,之后我们一起开车回家。回到帕洛阿图火车站时,我把妻子放下来让她去取此前停在那里的车。而我总是等在旁边,从后视镜里看着我妻子,确定她拿到了车并且发动了,才把车开走。在我死后,那幅画面将变成我妻子独自一人钻进车里,不再会有我的凝视,更没有我的保护,这带给我无法用言语描述的痛苦。

当然,你也许会说,这痛苦其实是她的痛苦。那么,我自己的痛苦是什么呢?其实,并没有"我"会感到痛苦,我赞同伊壁鸠鲁的观点"当死亡来临时,也就没有了我"。没有"我"会感到害怕、难过、悲伤或是绝望。我的意识已经停止了,意识之光关上了电源,灯灭了。我还在伊壁鸠鲁的另一个观念中找到了心灵的慰藉,他说,死后我将进入和出生前一样的状态里。

波动影响

无法否认的是,写这本书对我来说有非常重要的个人意义。这本书使我逐渐对死亡脱敏。我相信,人类可以逐渐习惯任何事物,哪怕是死亡。但是,我写这本书的首要目的却不是处理我自己的死亡焦虑,而是趁着我还在世,智力也还完好无损,以一名教师的身份把我所学到的许多处理死亡焦虑的知识教给他人、传递给他人。

因此,写这本书的初衷与"波动影响"有着紧密的联系。通过把自己的思想流传下去,我获得了极大的满足。但是,正如我在整本书中所言,我并不希望"我",或是我的影像、我个人的一些东西留存下来,而是期望我的一些观念,那些能给别人提供指导、带来安慰的部分,以及一些高尚的、充满关爱的举动,甚至是一些智慧点滴、面对失败时建设性的态度等,能够保存下来,以我想象不到的方式传递给更多我并不认识的人们。

最近,一位年轻人因他的婚姻问题来找我咨询。他告诉我,他之所以来找我部分是为了满足他的好奇心。二十年前,他的母亲(我已经记不清了)预约我做了几次咨询,总是向他提到我,并且告诉他治疗如何改变了自己的人生。也许，每个治疗师（和教师）都不会对这种持续多年的波动影响感到陌生吧！

我放弃了让我自己或是我的影像以任何具体明确的方式永存的期望。总会有那么一天，最后一个知道我的人也死了。多年前我读过一本小说，安兰·夏普的《格迪斯的绿树》。它描写了分成两个部分的国家公墓，一边是"活着的死者"，一边是"真正的死者"。在"活着的死者"的墓碑前堆满了纪念的鲜花，而"真正的死者"的墓穴则被遗忘了，没有鲜花，杂草丛生，墓碑东倒西歪，被风雨腐蚀。这些"真正的死者"是不知名的人，活着的人中从来没有人见过他们。一位老者，也许每一位老者心中都留存着许多人的影像，当他们故去时，也就带走了许多人的身影。

人际联结与生命无常

我觉得，亲密的人际联结帮助我克服了死亡恐惧。我非常珍视我与家人之间的关系，我的妻子、我的四个孩子、我的孙子、我的妹妹，还有许多和我有着几十年老交情的好朋友。我会非常努力地维护我和老朋友之间的关系，毕竟，你无法交到新的老朋友。

心理治疗为人际联结提供了丰富的机会，这也是为什么治疗对于治疗师来说如此有价值的原因。我试图在每次面谈的一小时内和每一个约见的病人培养亲密而真实的关系。不久前，我和一位同为治疗师的好朋友、同事说，我都已经75岁了，但是退休的想法好像离我还如此遥远。

"这工作真能让我心满意足。"我说,"我宁愿免费做这份工作,我觉得这是一件非常荣幸的事。"

他立即回答说:"有时候我觉得我愿意付费来做这份工作。"

但亲密关系真的是无价的么?你也许会问。毕竟我们每个人都是孤独地来到这个世界上,而后孤独地离开;既然如此,亲密关系的最终价值到底是什么呢?每次我想到这个问题,都会回忆起一位即将离世的女士在治疗团体中所说的话:"就好像在一个漆黑的夜晚,我独自一人乘坐着小船漂荡在港湾里。我看见很多其他船只的灯光。我知道我没法到他们那里去,也没法加入他们,但是看到这些灯光在海湾里跃动是多么令人安慰啊!"

我很赞同她的观点,亲密关系的确能慰藉人生无常的痛苦。许多哲学家都阐述过有关减轻这种痛苦的观念。比如叔本华和伯格都认为,个体自我显示的愿望是全部生命的动力(意志),而死后个体又重新融合了。相信转世的人会认为人类最重要的部分——灵魂、心灵或是神圣之光将永存,并且会投胎到另一个人身上。唯物主义者会认为,死后我们的DNA、有机体的分子,甚至我们的碳原子都会分解到宇宙之中,直到形成其他新的生命形式。

对我来说,这些生命永存的说法并不能减轻人生短暂的痛苦,它们带给我的只是冷冰冰的安慰——我的有机体分子的命运和我几乎没有什么关系,和我的个人意识也没有什么关系。

但是，随着我的年岁渐长，生命无常的念头开始越来越频繁地充斥于我的头脑中。我想起最近在一次团队聚会上发生的事情。

先介绍一下这次聚会的背景：过去十五年里，我参加了一个和其他10位治疗师共同组成的支持性无领导团体。最近几个月以来，团体讨论的话题一直聚焦在一位患了绝症的精神病学家杰夫身上。几个月前，杰夫还没有被确诊时，他其实是团体里引导其他成员直接、勇敢地面对死亡并审思死亡的导师。但是在接下来两次聚会上，杰夫明显变得越来越虚弱。

在最近这次聚会上，我发现自己长时间地沉浸在空想中，想着人生是如此短暂无常。聚会刚刚结束，我便记下了以下的笔记。（虽然我们有保密协定，但整个团队和杰夫给了我一次特权公开这些文字。）

杰夫讲到此前几天他变得十分虚弱，几乎都不能来见团队成员了。即使团体聚会在他家里举行，他都很难参加。这是他和我们告别的开始吗？他在通过远离我们来避免引发悲伤的情绪吗？他讲到在我们的文化中，人们把快要死的人看成垃圾废物，结果我们都会疏远即将死去的人。

"我们这里也发生了这种情况吗？"我问。

他环视着团体，摇着头说："不，这里没有，这里不同。你，你们每个人都和我在一起。"

其他人谈到他们需要知道关爱他与打搅他之间的边界所在，也就是说，我们是不是问了他太多的问题？他说他是我们的老师，正在教我们如何去死。他是对的，我永远都不会忘记他，还有他教给我们的这一课。但是，他越来越虚弱了。

他说，传统的治疗方法过去管用，现在却不再奏效了。他希望谈论一些灵魂层面的东西，而这个领域正是治疗师们不会涉及的。

"你所说的灵魂层面的东西是指什么呢？"我们问道。

在长时间的沉默之后，他说："嗯，什么是死亡？如何面对死亡？没有治疗师会谈论这些。如果我关注自己的呼吸进行冥想，而呼吸变慢或者停止，那么我的意识会发生什么变化？此后会怎么样？当身体消失之后，意识会以其他形式存在吗？没有人可以真正回答这些问题。如果让我的家人把我的尸体陈列三天是否妥当（会有味道，还会有液体渗漏出来）？三天，在佛教里是灵魂用来清理身体的时间。我的骨灰该如何处置？人们会在葬礼上抛撒我的骨灰吗？也许会撒在长青的红木林中？

后来，当他说到在他的一生之中，没有什么地方比这里更让他完全地在场，更让他全然地、坦诚地活在当下时，我的眼泪刷地涌了上来。

突然，另一个成员讲到他做了一个噩梦，梦见自己在还有意识的时候被装在棺材里埋葬。这时候，一段遗忘已久的记忆涌上了我的心头。在我上医学院的头一年，我受了洛夫克拉夫特[1]的启发写了一篇短篇小说，是关于一个被埋葬的人仍然有意识的故事。我把这篇稿子投给了科幻杂志，收到了一封退稿信，于是随手把这篇小说扔在一边继续我的学生生涯了（后来我也再没找到手稿）。四十八年来我头一次想起这件事情，这段回忆也告诉我，我处理自己的死亡焦虑比自己所以为的更早。

多么非同寻常的聚会，我心里想着。在人类历史上曾经有任何一个团体进行过这样的讨论吗？毫无保留，毫无禁忌。我们如此目不转睛、毫不退缩地直视着这人类所面临的最艰难也最惨淡的困扰。

我想起那天早先我面谈过的一位年轻女士，她花了那么多时间来抱怨男人是如此粗鲁、不够细腻。我看着这个全部由男性成员组成的团队，每一个人都是如此敏感、温柔、充满关爱，如此非同寻常地活在当下。我多么希望她能亲眼目睹这个团队，我多么希望全世界都能亲眼目睹这个团队！

---

[1] 美国著名恐怖小说家，与爱伦坡齐名，他的多数恐怖小说，创作灵感都源于噩梦。——译者注

然后，关于无常、潜伏和等待的想法涌上了心头。我猛然意识到这独一无二的聚会就如同我们这位成员的生命一样短暂无常。死亡正在不远的前方等着我们这些人，这聚会也和我们所有人的死亡之旅一样稍纵即逝。这如此完美、神奇又权威的聚会最终的命运又将怎样呢？——不过是消失无影。我们所有人，我们的身体、我们对于这次聚会的记忆还有我的这份笔记、杰夫所经历的苦难以及他对我们的教导、我们当下的在场，这所有的一切都会随风而逝，留下的不过是漂浮在无尽黑暗之中的碳原子而已。

莫名的悲哀笼罩着我，但我想一定还能改变点儿什么。比如假如我们这个聚会被拍成了电影在全球放映，所有人都能看得到，那么它一定会永远地改变整个世界。是啊！这就是我所需要的——拯救、永存、不愿被遗忘。我是否太过执著于留存些什么呢？这是不是我写这本书的理由所在呢？我为什么要写这份笔记？我是否又在企图记录和保存点儿什么呢？

我想起狄兰·托马斯[1]曾说过，虽然爱人走了，爱却永存。当我第一次读到这句话时曾深深地被打动，但是现在，我想知道"永存"在哪里？抑或这不过是一个柏拉

---

[1] 狄兰·托马斯（Dylan Thomas），20世纪最具影响力的英语诗人之一。——译者注

图似的理想？如果没有耳朵，那落叶之声能被听见吗？

最终，关于波动影响和亲密关系的想法浮上了心头，这给我带来了放松和充满希望的感激之情。团体里的每个人都会，也许是永远会被今天所经历的一切深深触动。我们彼此联结，我们会把这份生命的影响互相传递，无论是以外显的方式还是内隐的方式。而被这份聚会记录所影响的人又会再把这份影响传递给其他人。我们必将把这份力量传递出去，那蕴涵其中的智慧、同情心、美德会代代相传，直到永远。

尾声。两个星期之后，我们再次聚集在杰夫的家中。他即将过世，我也再次询问他是否可以出版这些笔记，以及他希望我在其中使用他的真名还是化名。杰夫让我使用他的真名，我希望这篇短文所带来的波动影响能够给杰夫的在天之灵带来最后的一丝慰藉。

宗教和信仰

如果我没有记错的话，从我记事时开始，我就没有任何宗教信仰。我记得放假时和父亲一起去犹太教堂，读着翻译成英文的颂歌，那里面尽是对神的荣光和力量无休止的赞美。我完全被弄糊涂了，为什么人们对这样一位残酷、自负、充满报复心和嫉妒心，并且极度渴望被赞美的神如此敬仰？我仔细盯着大人们上下摆动的头和虔诚的脸，希望他们能看我一眼，但是他们一直在祈祷。我看着我的山姆叔叔，他总是很可爱，又爱开玩笑。我希望他冲我眨眨眼睛，小声说："别把那家伙太当回事了，孩子。"但是，这事情从来就没有发生过。他并没有眨眼或是露出一丝笑容，他总是直直地望着前方，一直在吟诵着。

长大之后，我参加了一位天主教朋友的葬礼。记得当时神职人员宣布我们都会在天堂重逢，快乐地团聚在一起。我又一次环顾四周看着所有人的脸，看到的只是每个人脸上那么虔诚的信仰。我觉得自己被错觉包围着，也许我的这种怀疑和批判起源于小时候我的宗教老师简单粗暴的教学方法，如果当时我遇到了一位细致而老练的好老师，我也许会把他所教导的一切铭记在心，甚至可能无法想象一个没有神的世界。

在这本关于死亡恐惧的书中，我避免谈到宗教所带来的慰藉，因为我发现自己陷入了两难的困境。一方面，我认为我在本书中提到的很多观点即使对于那些有坚定的宗教信仰的读者来说也非常有价值，我不想说一些让他们扔下这本书或是背叛他们心中的信仰的话。另一方面，我的工作根植于现世存在的世界观，不同于宗教的超自然信仰。我的治疗方法假设生命（包括人的生命）来自于偶然，我们不过是生而有限的动物，无论我们多么渴望，我们都无法依赖除自己以外的任何事物来保护自己、评估我们的行为，或是提供有意义的人生蓝图。我们的人生并没有被预先注定，每个人都必须自己来选择如何尽可能充实、快乐、富有意义地活着。

对于有些人来说，这样的观点实在是显而易见的，但我却不这么认为，我宁愿选择现实主义。我相信亚里士多德的前提假设，即理智的头脑使得人类与众不同、独一无二，也正是这份资质使得人类追求完美。而传统的宗教观点认为我们应该相信奇迹和非理性，这总让我迷惑不已。

试试以下的思想实验。用你的肉眼直视骄阳，用更宏大的视角观察自己的存在，试着从宗教所提供的保护伞中走出来——也就是某种形式的再生、不朽或是转世——所有这些都是拒绝面对死亡作为最终结局的方法。这正是本书的视角，我认为没有这些保护伞我们也可以活得很好，正如托马斯·哈代所说："如果有什么更好的方法，那一定蕴涵在那最坏的结果之中。"

毫无疑问，宗教信仰安抚了许多人的死亡恐惧。但是对我来说，那就像是绕着死亡白跑了一圈——死亡被否认了，死亡不是最终结局，死而不死。这也是我从来没有体验过或写过有关宗教所带来的慰藉的原因。

那么我如何与那些有宗教信仰的人进行工作呢？让我用自己所喜欢的讲故事的方式来回答你。

"神为什么寄给我这些图像?"——提姆的故事

几年前我接到提姆的电话,他希望能预约一次咨询帮助他解决一些问题,用他的话说是:"有关存在的最重要的问题,或是我自己的存在问题。"并且,他又加了一句:"我再重复一遍,我只做一次咨询,我是一个有宗教信仰的人。"

一个星期之后,提姆走进了治疗室。他穿着染上了颜料的荷兰式的艺术家白外套,带着一个装有作品的公文包。他个子不高,胖胖的,耳朵很大,一头白发剪成了平头,大笑时会露出牙齿,就好像几块板子坏掉的白色栅栏一样;他厚厚的眼镜片让我想起可口可乐的瓶底。提姆还带了一个小型录音机,要求录下我们的面谈过程。

我答应了,并开始询问他一些基本信息。他65岁、离异,在过去二十年里一直从事建筑业,四年前他退休了并开始投身于艺术。接下来我还没有问,提姆就直接提起了话头。

"我之所以来找你是因为我读了你的书《存在主义心理治疗》,你看起来像个有智慧的人。"

"既然来了,"我说,"为什么你却只希望咨询一次呢?"

"因为我只有一个问题,我相信你这么有智慧,一定可以在一次咨询中给我答案。"

我诧异于他如此清晰快速的回答,有些吃惊地看着他。他避开了我的眼神,把目光投向了窗外。他显得烦躁不安,站起来又坐下来两次,更加紧紧地抓住他的公文包。

"这是唯一的原因吗?"

"我知道你会问这个问题。我总是能提前知道人们想说些什么。但是回到你的问题,为什么只有一次咨询。我的确给了你最重要的理由,不过还有其他的原因,实际上,一共有三个。首先,我的经济情况虽然还行,但也算不上最好的;其次,你的书很有智慧,但很明显你是一个没有信仰的人,我无意在这里捍卫我自己的信仰;最后,你是个精神病学家,我遇到的每个精神病学家都想让我吃药。"

"我喜欢你这样事先了解清楚情况,也喜欢你表达自己想法的方式,提姆。我也试着像你一样说话,尽力在一次咨询中帮到你,谈谈看,你的存在问题是什么呢?"

"除了建筑师,我有很多其他的身份,"提姆说话很快,就好像他排练过一样,"我以前是一位诗人,年轻时还做过音乐家。我表演钢琴和竖琴,并且创作了一些古典音乐,以及一部歌剧。本地的一个业余演出团队曾演出过这些作品。但是,在最近三年里,我开始画画了,什么都没有做,只是画画,看这里,"他朝依然夹在腋下的公文包点点头,"这里就是我上个月的作品。"

"你的问题是?"

"我所有的画作都是神寄给我的一些图像的翻版。几乎每个晚上,在半梦半醒之间,我都会从神那里收到一幅图像。于是第二天我就花一整天的时间把那幅图像临摹下来。我想问你的问题是，为什么神寄给我这些图像呢？看！"

他小心翼翼地打开公文包，好像有些犹豫是否要我看到所有的作品，他拖出了一张很大的画。"这就是上个星期的一幅。"

这幅画显然是用铅笔和油墨精心描画出来的。画面上一个裸体男人面朝下躺着，拥抱着大地，甚至可能是在和大地交合；周围的树和灌木向他弯着腰，就好像在温柔地抚摩着他；许多动物如长颈鹿、臭鼬、骆驼、老虎环绕着他，每一只都低着头似乎在向他表示敬意。在画作的底端写着："亲爱的大地母亲"。

他开始很快地拿出一幅又一幅自己的画。我被他古怪、反常又引人注意的画还有那些用丙烯酸画出的原型象征、宗教意象以及几张颜色耀眼的曼荼罗搞得眼花缭乱、啧啧称奇。

当我注意到闹钟时不得不让自己赶快回过神来："提姆，我们的时间快到了，我想试着回答你的问题。我观察到两件事情，首先，你有着非凡的创造力，你向我展示了你一生之中创造力迸发的所有证据，比如你的音乐、你的歌剧、你的诗还有你如此杰出的绘画。其次，你的自尊非常低，我不认为你承认或欣赏自己的天赋。今天我们到此为止吗？"

"我想是的。"提姆看上去很尴尬，再一次把目光投向了窗外。"这不是我第一次听人这么说了。"

"在我看来，这些构思还有这些杰出的画作都来自于你自己的创作天赋，但是你的自尊太低了。你自我怀疑，以至于你无法相信自己能创作出这样的作品，于是你就自然地把这份能力归功于其他人，比如神。我认为，即便你的创造力可能是神给予你的，但我确定是你，是你自己一个人创作出了这些图像和画作。"

提姆一边仔细地听一边点头，他指了指录音机说："我想让自己记住这一点，我会反复听这盘磁带的，你给了我所需要的东西。"

就这样，当我和那些有宗教信仰的人进行工作时，我遵守准则站在我个人价值观的最高层面上来工作，即以病人的利益为第一考虑；我不允许有任何事情干扰这一点。我并不打算去削弱任何对我的病人有所帮助的信仰系统，即使其中有些观念对我来说的确荒诞不经。因此，当有宗教信仰的人来寻求我的帮助时，我从来不会去挑战他们的核心价值观，因为这些价值观往往在他们人生早期就已经形成了。相反，我常常寻找方法来帮助他们支持自己的信仰。

我曾和一位神职人员工作过，他总是在下午五点宗教仪式之前与神"交流"，并且从中得到极大的安慰。当我见到他时，他正忙于管理方面的事务，并且与主管教区里的同事产生了矛盾，以至于他不得不减少了交流的时间或者完全跳过了这段时间。我试着和他一起探索为什么他放弃了这段能给他带来安慰和指导的时光。我们一起分析他的阻抗，我从来没有置疑他的习惯或者用任何方式表达我的怀疑。

但是，我也记得一次例外，当时我违背了不去挑战病人信念的原则，丧失了我的治疗立场。

"没有意义你怎么生活?"——犹太教拉比的故事

几年前,一位来自海外的传统犹太教拉比给我打电话想预约一次咨询。他说他正接受存在主义治疗师的培训,但是他的宗教背景和我的心理学观念之间有出入。我同意和他面谈,一周之后,他如约来到了我的办公室。这是一位颇有吸引力的年轻人,他留着长而卷曲的络腮胡子,戴着小圆帽,穿着有些奇怪的网球鞋,眼神很有穿透力。开始三十分钟,我们大多在谈论他如何渴望做一名治疗师,还有他的宗教信仰与我在《存在主义心理治疗》中所写的许多论点之间的矛盾。

一开始他很顺从我,但是渐渐的,他的行为改变了。他开始热忱地向我宣传他的信仰,几乎让我怀疑他此行的目的不是来做治疗而是让我投身宗教(这并不是我第一次与传教士工作)。随着他的声音越来越大、语速越来越快,很遗憾,我也变得越来越不耐烦,与平时相比远远不够谨慎和客气。

"你的想法的确如此,拉比,"我打断他,"但我们的观点之间有着根本的对立。你相信有一个神无所不在、无所不知,正看着你,保护着你,为你规划人生,这与我进行存在主义治疗的立场格格不入。存在主义治疗的立场认为我们每个人都是自由的,也是孤单的,我们偶然进入了这个冷漠的宇宙之中,终有一死。"

"在你的观点中,"我继续说着,"死亡并不是结束。你告诉我死亡就好像两个白昼之间的夜晚,而灵魂是永远不朽的。因此,你希望做一个存在主义治疗师的确会有些问题,我们的观点完全相反。"

"但是你,"他的脸上写满了深深的担忧,"你心里仅仅有这些信念怎么活下去呢?多么没有意义?"他颤抖地用食指指着我,"仔细想想,你不相信有比自己更伟大的存在?那该如何活下去?告诉你,这是不可能的,这就好像生活在黑暗之中,就好像一只动物。如果一切都会消失,那么意义何在?我的信仰为我带来意义感、智慧和道德准则,也给我带来神赐予的慰藉,为我指明了人生之路。"

"拉比,我不认为这是一种理智的反应。那些意义、智慧、道德准则还有活得不好并不依赖于对神的信仰。当然,宗教信仰的确让你感觉不错、得到心灵的慰藉并且自我感觉品德高尚,这正是宗教被创造出来的目的所在。你问我怎么活,老实说,我认为自己活得很好。我遵守人类共同约定的道德准则,我遵守医生的职业道德,投身于治病救人以及帮助他人成长之中。我过着品行端正的生活,对周围的人充满同情心,与家人朋友之间有着亲密的关系,我不需要宗教来给我进行道德指引。"

"你怎么能这么说?"他打断我,"我为你感到非常难过。多少次我都觉得如果没有我的神,没有每天的宗教仪式,没有我的信仰,我简直不知道自己是否还能活下去!"

"多少次我也觉得,"我完全丧失了耐心,非常不耐烦地说,"如果我不得不去相信那些不可信的东西,每天花费我时间去遵守那六百多条日常规则，吹捧渴望人类赞美的神，我宁可把自己吊死！"

这时候，拉比把手伸向了他的小圆帽。哦！不！我以为他要扔帽子了，我讲得太离谱了！实在太离谱了！我冲动地讲了很多本来没想讲的话，我从来不想破坏任何人的宗教信仰，从来没有！

但是，他没有。他只是把帽子脱下来抓抓脑袋，有些含混地说，他对我们之间思想体系的鸿沟之深着实感到惊讶，并且认为我离自己的传统和文化背景太远了。我们友好地结束了这次面谈，各分东西。我不知道他后来有没有继续学习存在心理治疗。

关于撰写本书

这是本人死亡回忆录的最后一部分。对于一个善于反思的古稀老人来说，考虑死亡和生命无常的问题是非常自然的。每天发生的种种迹象都是如此震撼人心，很难视而不见。比如我们这一代已经过时了，我的朋友和同事生病了、去世了，我的视力衰退了，还有，每天，我的膝盖、肩膀、背部、脖子的情况都越来越糟糕。

在我年轻的时候，我从父母的朋友和亲戚那里听说亚隆家的人都很温柔并且都死得早。很长一段时间，我相信这也是我的人生脚本，但是，现在我已经75岁了。我比父亲活得长很多，我知道自己借用了家人的生命。

审思生命的有限性难道不是建设性的行为么？这也是罗

洛·梅的信念。他是一位出色的作家、画家,他最喜欢的那幅关于圣米歇尔山的立体画如今就挂在我的办公室里。他相信通过创作能够超越死亡恐惧,直到临终之际依然在坚持写作。弗兰克尔也说过类似的话:"每个艺术家的目标都是通过人为的方法来保存生命的姿态,这样一百年之后,当一个陌生人看到这幅作品依然会被深深感动。"保罗·索鲁[1]说,审思死亡是如此痛苦,但它却能使得我们"热爱生命,并充满激情地珍惜它,这最终带来了所有的欢乐和艺术"。

写作的艺术如同孩子的出生,在延续一些东西。我喜欢创造的过程,从一开始的灵光闪过到后来的付梓出版,整个过程都是快乐的源泉。我也喜欢写作本身所经历的一切,从寻找完美的词汇,精心组织成句子,再到润色那些短语和句子的节奏,所有环节都无比美妙。

有些人可能会想,我沉浸在对死亡的思考之中一定非常可怕。当我就死亡这个话题进行演讲时,常常会有同事说我一定过得不如意,才会细想这么阴暗的话题。如果你也这样认为,这只说明我的工作还不到位,我会试着再一次告诉你——直面死亡实际上能够驱散愁云。

有时候我会用"分离屏幕(split screen)"的技术来隐喻地表达我内在的状态。这种催眠治疗的技术能够帮助病人清除一些徘

---

[1] 保罗·索鲁(Paul Theroux),美国著名旅行作家、小说家。——译者注

徊在脑海中的痛苦记忆。过程是这样的：治疗师让被催眠者闭上眼睛，并将内在的视界或屏幕分成两个部分，其中一半放上被催眠者所经历的创伤性的画面，另一半则放上令人愉快的画面，即能够带来欢乐和宁静的画面（比如在钟爱的森林小径或热带海滩上漫步）。这愉快的场景持续出现能够缓解并抵消痛苦。

在这次写作中，我意识到的一半画面是令人难过的，多数是觉知到人生短暂无常的画面；而另一半画面则完全不同，它缓解了那份痛苦。用进化论生物学家理查德·达尔文曾说过的一个隐喻最能描述那种状态了：想象一束聚光灯无情地扫过时间这庞大的主宰者，灯光扫过之处一切都消失在过去的黑暗之中，灯光还没有扫到的地方依然潜藏在黑暗之中，只有那聚光灯照亮之处活着。这幅画面驱散了我心中的愁云，想想我现在在这里活着是多么幸运，享受当下本身已经无比欢愉！否认当下的生命，妄想真正的人生会在前方无尽的黑暗之中浮现出来是多么愚蠢的事情，那将浪费我短暂的生命之光！

写这本书的过程是一次旅行，是一次回到过去的伤心之旅，回到我的童年，回到我父母那里，前尘往事俱上心头。我很吃惊地发现，死亡潜伏在我的整个人生之中，那么多与死亡有关的记忆如此清晰地保留在我的脑海中。记忆的变化多端也让我颇为震惊，比如我妹妹和我过去住在同一个屋檐下，而我们对同一件事情的回忆却大不相同。

随着年岁渐长，我发现过去的时光越来越频繁地回现在我的脑海里，正如本章开篇时所引用的狄更斯的短句中所说的一样。也许我正按照他所建议的来做；我开始完成这个循环，磨平我的故事中那些粗糙的部分，拥抱所有让我成为自己的事情，拥抱我本来的样子。当我重返儿时居住的地方，参加老同学聚会时，我感到从未有过的感动。对我来说，发现"那里"依然还在，这着实让我感到快乐：过去并没有真的消失，我还可以故地重游。如果像米兰·昆德拉所说，死亡恐惧来自于害怕过去的消失，那么重新经历过去则是必不可少的良药。匆匆流逝的生命在此刻暂时驻足——哪怕只是一小会儿。

Addressing

Death Anxiety: Advice for Therapists

第七章

治疗死亡焦虑：
给心理治疗师的建议

> 我是个人，别人和我没什么不一样。
>
> ——特伦斯

虽然这最后一章是为治疗师而写的，但是，我尽量使用通俗易懂的话，避免堆砌专业术语；我希望任何一位读者都能理解并欣赏这些文字。因此，如果你不是治疗师也没关系，请继续读下去吧！

我所使用的心理治疗方法不算主流，很少有心理治疗方面的培训课程强调（甚至提到）存在主义治疗，因此，许多治疗师会觉得我的观点和临床个案报告有些奇怪。为了解释我的方法，我首先需要澄清一个"存在"的概念，以免带来混乱。

"存在"的含义

对于许多有哲学背景知识的人来说,这个概念会让他们联想到许多丰富的内涵,比如希尔加德的宗教存在主义强调自由和选择,尼采的反传统决定论,海德格尔关注短暂性和真实性,加缪的荒诞感以及萨特强调在面对绝对不必要性时的承诺等。

尽管如此,在临床工作中,我依然直接使用了"存在"这个词,它的含义非常简单,意指存在本身。虽然存在主义思想家们着眼于不同的视角,但是他们的观点都有一个共同的前提,即**人类是唯一认为自身存在是一个问题的动物**。因而,"存在"是我的核心概念,也许我应该使用更为准确的表达方式,比如"存在的治疗"或是"关注存在的治疗",但是这样的讲法显得拖泥带水,因此,我使用了更加通顺的说法,即"存在主义心理治疗"。

存在主义治疗是众多心理治疗方法中的一种。所有这些方法的目的只有一个,那就是为人类的绝望感而服务。存在主义治疗的理论模型认为,我们的困扰不仅来自于生理基因方面(即心理药理模式);不仅是与压抑的本能冲动斗争的结果(即弗洛伊德的理论立场);不仅来自于内化的重要客体对我们不够关心、不够爱护、过分焦虑(即客体关系理论);不仅是由于适应性不足的思维方式(即认知行为的观点);不仅来自于被遗忘的创伤性回忆的碎片；也不仅来自于目前的人生危机事件，如个人的职业问题或是和重要他人之间的关系问题——而同样来自于人类与自身存在的对抗。

因此，存在主义治疗的基本立场认为，除了其他引发绝望感的原因之外，我们还因为不得不面对人类的处境——存在所带来的一系列问题而备受折磨。

具体来说，存在到底带来了什么样的问题呢？

答案其实就在我们每个人的心里。请你花一些时间简单地反思一下自己的存在。不要被假象蒙蔽了，放下你心里已经有的那些理论和信念，想想你自己在这个世界上的"处境"。这时候，你会不可避免地触及到存在的深层核心，用神学家保罗·田立克更为恰当的话来说，就是"终极关怀（ultimate concerns）"。我认为，有四个终极问题与临床治疗密切相关，即死亡、孤独、人生意义感和自由。

这四个终极问题构成了我在1980年出版的教科书《存在主义心理治疗》中的主题。在这本书里，我详细地讨论了由四个终极问题所带来的种种现象以及它们的治疗意义。

虽然每一次临床治疗工作都会涉及到这四个主题，但是，对死亡的恐惧却是其中最为突出和最令人困扰的；随着治疗的进展，人生意义感、孤独和自由的主题也会逐渐浮现出来。关注点各不相同的存在取向的治疗师会得出不同层面的结论，比如卡尔·荣格和维克多·弗兰克尔强调，占相当大比例的一部分病人之所以来寻求治疗是因为他们丧失了生命的意义感。

我的临床工作是建立在存在主义世界观的基础上的，即强调理性，回避超自然的信仰，并认为所有的生命，包括人类本身都来自于偶然；虽然我们竭尽全力想要使自身永存，但我们却是有限的动物；我们每个人都是独自被带到这个世界上，既没有预先设定的人生，也没有最终确定的命运，每个人都必须自己来决定如何尽可能充实、快乐、有道德、有意义感地活着。

存在主义治疗的确存在吗？虽然我总是谈到，也非常熟悉存在主义心理治疗，还就这个主题写了一本很厚的教科书，但是我从来不认为它是一个独立的思想学派。我宁可认为它是我自己的信仰。我希望任何一位训练有素的治疗师，不仅应对于许多治疗方法能够耳熟能详，对存在主题也应该具有足够的敏感度（这些主题会在针对一些病人的临床工作中呈现出来，但不是和所有病人工作时都会如此；也会在某些治疗的阶段呈现出来，但并非贯穿治疗的全部过程）。

虽然我写这一章的目的是为了提高治疗师对于重要的存在主题的敏感度，鼓励他们去处理这些部分，但是，我也同样认为仅仅有这种敏感度对于良好的治疗效果还是远远不够的，几乎在每一次治疗过程中，你都需要使用来自其他流派的治疗技术。

在治疗时区分内容与过程

很多次当我就"在治疗中关注人类存在的基本问题"这个主题进行演讲时，受训的治疗师会说（或是应该会说）："这些关于存在的观念的确叩响了真理的大门，但是它们听起来太空洞，太不真实了。一个存在主义治疗师在一小时内具体应该做点儿什么呢？"或者，有学生会问："如果我是你办公室里趴在墙壁上的一只苍蝇，在你治疗的过程中我会看见什么呢？"

我的回应通常是提供一种观察和理解心理治疗过程的方法。这种方法是所有治疗师在接受培训的早期都曾学过的，在多年的临床实践之后它依然具有重要的价值。这方法说来很简单，甚至会带来一些误解，那就是——**区分内容和过程**。（我使用"过程"这个词是指治疗关系的本质。）

"内容"的含义是很明显的，是指治疗中所讨论的话题和相关问题，也就是上述各个章节中所谈到的观念。病人和我会花费大量时间多次对这些主题进行讨论。不过,总会有那么几个星期,我们讨论的内容并不涉及存在主题，比如病人开始谈论与这些存在主题相关的其他内容，如人际关系、爱、性、金钱、职业选择、抚养问题等。

换句话说，存在主题在某些阶段（但不是所有阶段）对一些个案（但不是所有的个案）来说并没有那么重要，这也是理所当然的。有经验的治疗师不应该试图操控谈话的内容——治疗不是由理论驱动的，而是由关系驱动的。

当你不是由谈话内容而是通过"咨访关系"来审视一次治疗时，情况就大不同了。对存在主题足够敏感的治疗师相比那些不敏感的治疗师在与病人的关系方面大有不同，这种区别在每一次治疗过程中都非常明显。

在本书中我已经多次谈到与存在主题有关的内容，我所描述的大部分病人的故事都在强调观念的巨大影响力（例如伊壁鸠鲁的观念、波动影响、自我实现等）。但是，一般来说仅有观念还远远不够，**只有当观念和咨访关系相互结合，共同发挥作用时才能带来真正的治疗效果。**在这章中，我将提出许多建议帮助你，帮助治疗师们学习如何让治疗关系变得更加有意义、有影响力，这样一来，你也会更加有能力帮助自己的病人直面死亡，克服死亡恐惧。

治疗关系的紧密程度对于治疗性的改变非常重要，这并不是什么新鲜的观点。一个世纪以来，临床治疗师和心理学工作者都已经意识到最重要的疗效因子并非理论或观念，而是关系。早期的分析师同样觉察到建立稳固的治疗同盟的重要性，因此他们十分精细地审察治疗师和病人之间的关系。

如果我们承认这个假设（以及那些颇有说服力的相关支持性研究），即治疗关系在心理治疗中发挥了重要的作用，那么，下一个显而易见的问题便是，什么样的治疗关系才是最有效的呢？在过去的六十年里，卡尔·罗杰斯，一位心理治疗研究领域的先驱者证明了治疗效果与治疗师的一系列行为非常相关，即真诚、设身处地的同感和无条件的积极关注。

在各种形式的治疗中，治疗师的这些特性都非常重要，我本人也很赞同。我认为，在对死亡焦虑或其他存在主题进行工作时，真诚一致的原则发挥着复杂而深远的影响，这使得治疗关系的本质发生了彻底的改变。

克服死亡焦虑时关系的力量

当我把目光投向生命存在的真相时，我发现被痛苦折磨的病人和作为治疗者的我之间并没有清晰的界限。常规的医患角色和症状诊断非但没有促进反而阻碍了治疗的进展。我相信，解除许多人生苦痛的良药是亲密的人际联结，因而在每一个小时的治疗中我都竭尽全力与病人真正在一起，避免在我们之间树起那些人为的、不必要的障碍。在治疗时，我对病人来说并不是一位永远不会犯错误的专家，而是一名向导，毕竟，我自己就曾借助自身的探索和对其他人的引导走过这段旅程。

在我和病人的工作过程中，我把咨访关系看得比其他一切都要重要。为了能和他们形成真正的亲密关系，我所做的一切都建立在信任的基础上。在治疗室里，没有一成不变的规矩和传统，没有陈列给别人看的文凭、专业身份、证书；我不会不懂装懂，也不会否认那些存在问题同样会困扰我，更不会拒绝回答某些问题，让自己躲在所谓的专业身份背后。总之，我不会隐藏自己的人性和脆弱的一面。

地下室里的野狗狂吠之声——马克的故事

下面我将介绍一次治疗过程，以此来说明对存在问题保持敏感将对治疗关系产生哪些方面的影响，其中包括更多关注此时此地以及治疗师更多的自我表露。这次治疗发生在我与马克，一位40岁的心理治疗师进行工作的第二年。马克当时来寻求帮助是因为持续不断的死亡焦虑和对去世的姐姐不能释怀的悲伤。（在第三章里我曾简单地介绍过马克的故事。）

在此次咨询前的几个月，马克对死亡的过分焦虑被一个新的主题替代了，那就是他开始迷恋自己的一个病人露丝。

我以不同寻常的方式开始了治疗。我告诉马克，那天早上我推荐了一位30岁的男士到他那里做团体治疗。

"如果他联系你，"我说，"记得给我打个电话，我会告诉你更多关于他的信息。"

当马克点头表示同意时，我继续说："好了，今天我们从哪里开始？"

"还是老问题。像往常一样，刚才我开车过来的时候，大部分时间都在想着露丝,我很难把她从我的头脑中驱除出去。昨天晚上我和一些高中老同学一起共进晚餐,他们都在缅怀过去的时光,而我又开始惦念露丝了,当时我非常渴望她。"

"你可以描述一下你的那种迷恋吗?告诉我你内心深处真正的想法。"

"嗯,太愚蠢了,太孩子气了,是一种热切而不实际的感觉。我觉得自己太蠢了。我已经这么老了,都40岁了,还是个心理学家,而她是我的病人。我知道我们一定没有结果。"

"在那种热切而不实际的感觉里多待一会儿。"我说,"回到那种感觉里,告诉我发生了什么。"

他闭上了眼睛:"很亮,好像我在飞……不再想着我那可怜的姐姐了……也不会想到死……我坐在妈妈的腿上,她正抱着我。那时候我大概五六岁,她还没有得癌症。"

"也就是说,"我有些冒险地说,"当那种热切而不实际的感觉涌进来的时候,死亡就消失了,并且所有关于姐姐之死的想法也消失了,你又变成了一个小男孩,被没有得癌症的母亲抱在怀里。"

"嗯,是的。我从来没有这么想过。"

"马克,我猜想这种热切而不实际的感觉和融合的需要有关,孤独的'我'融合成了'我们'。这里还有另一个关键的演员'性','性'是非常重要的一种动力,它至少能够暂时地把死亡从你的头脑中驱除出去。所以,我觉得你对露丝的迷恋正在以两种颇为有效的方式同时展开对死亡焦虑的斗争。也正因如此,你会紧紧抓着对露丝的迷恋不放。"

"你说对了,性可以暂时把死亡从我的脑海中驱除出去。上周我本来应该享受美好的一周,但关于死亡的想法一直盘旋在我的脑海里,骚扰着我。星期天,我骑着摩托车带女儿去海边,那天天气非常好,阳光灿烂,但是死亡却在我的脑海里阴魂不散。'你还有多少次这样的机会享受当下的时光?'我一直在问自己。所有的一切都会过去,我越来越老了,女儿也会越来越老的。"

"让我们一起来分析一下这些关于死亡的想法。我知道这些想法让你觉得无法抗拒,似乎能颠覆一切,但是,我们还是试试看关注这些想法。告诉我,对于死亡你最害怕的是什么?"

"我想是死亡的痛苦。我妈妈承受了很多痛苦,但是,不,这不是主要的。最让我害怕的是我的女儿该怎么面对今后的生活。每次当我想到自己死后不知道女儿会怎么样时,眼泪就会流下来。"

"马克,我想你经历了太多亲人的死亡,太多了,太快了。当你还是个孩子的时候,母亲就得了癌症。在接下来的十年之中,你看着她渐渐地死去,而且你没有父亲。不过,你的女儿完全不同,她有一位健康的母亲,她的父亲还会在美好的周末骑着摩托车带她去海边。她的父母都在,并没有任何缺失。我觉得你把自己的经历加在女儿身上了,也就是说,你把自己的恐惧和成见投射在女儿身上了。"

马克点了点头,他沉默了一会,转过头对我说:"让我问你一个问题,你自己会如何面对死亡?难道死亡恐惧就没有困扰过你吗?"

"我曾经历过三次死亡焦虑的大爆发。但是现在,随着我年纪逐渐增长,面对死亡也给我带来了一些好处。它让我对生命更加珍惜,让我在每个当下更充分地活着,还让我去欣赏、去享受活着本身所带来的纯粹的快乐。"

"但是你的孩子怎么办?你难道不担心在你死后他们的反应么?"

"我不太担心这个。我觉得父母的职责就是帮助孩子独立自主,放手让他们正常生活下去。我的孩子在这方面应该没有问题,我死后他们会难过悲伤,但也会继续生活下去。你的女儿也会这样。"

"你说得对。理性上来说,我知道她会很好。实际上,最近我有一个想法,也许,我可以为她做一个如何面对死亡的好榜样。"

"多好的主意,马克!这将会是你送给女儿的一份美妙的礼物。"

在短暂的停顿之后,我继续说:"让我问你一个关于此时此地的问题。我们刚才这个过程有些不同,你问了我很多问题,我也试着回答你,这让你感觉怎样?"

"这很好,非常好。每次你和我分享你自己的故事,都会让我觉得在治疗过程中我可以更加开放一些。"

"我还有一个问题想问你。这次治疗刚开始的时候,你说到在你来见我的路上,你'像往常一样'开始想着露丝,为什么这么说?为什么是在来见我的路上开始想着露丝呢?"

马克沉默了,他慢慢地摇着头。

"或许,这可以让你逃避在这里进行的艰难的工作,让你解脱出来,是么?"我有些冒险地说。

"不,不是这样,实际上,"马克停顿了一下,好像在鼓起勇气,"这可以让我不去想另外一个问题,那就是,你对我的感觉怎么样。在我与露丝的整个治疗过程中,你是否觉得我是个合格的心理治疗师?"

"我能理解你,马克。我也曾对病人产生性欲,其他我所认识的治疗师也都曾这样。现在,正如你自己所说的,到了最糟糕的谷底,你几乎为这个问题耗尽了心力,但是'性'之所以能把你打败是有原因的。我知道你非常正直,不会真的和自己的病人发生性关系。所以,我觉得我们的工作也许在以某种特殊的方式发挥着作用,让你愈陷愈深。也就是说,你敢于突破内心的限制是因为你知道有我每周在这里等着你,就像一张安全网一样。"

"但你是否觉得我不够称职呢?"

"如果是这样的话,你怎么看待我今天把一位病人推荐给你呢?"

"嗯,是啊——我明白了。这对我来说是非常有力的讯息,我觉得得到你极大的肯定,这种鼓舞几乎没法用语言来表达。"

"但是,"马克继续说,"我的头脑里还是有一个小小的声音在说,你一定觉得我是个混蛋。"

"不,我不觉得,你是时候从大脑中删除这个想法了。我们今天超时了,但我还有些话想对你说,你所经历的这段旅程,这段和露丝纠缠的经历并没有那么糟糕。我相信你一定会从这些经历中学习、成长。引用尼采的话来说,就是——你必须学习聆听心灵地下室里野狗的狂吠之声才会变得更加智慧。"

马克被深深地触动了,他喃喃自语复述着这段话。离开治疗室时,他的眼睛里闪烁着泪花。

除了有关亲密关系的主题之外,这次咨询还说明了其他好几个存在主题,接下来我将一一讨论,它们分别是爱之欢娱、死亡和性、分析死亡恐惧、治疗性行为和治疗性语言、使用此时此地技术、特伦斯的格言以及治疗师的自我表露。

爱之欢娱 马克在咨询开始时描述了自己热切而不实际的感觉以及因性迷恋所带来的无限快乐,这些与他偎依在尚未患癌症的母亲怀里的感觉有着相似之处,都是对爱的迷恋。对于沉浸在爱河中的恋人来说,除了所爱之人其他一切都消失了,她的每一句话、每一个习惯,甚至小小的缺点都能抓住他的全部注意力。当马克坐在母亲的腿上,他就不再觉得孤单了,因为他不再是一个孤独的自我。我当时用"孤单的'我'融合成了'我们'"清楚地指明他的迷恋减轻了这种痛苦。我不知道这句话是否是我最早提出来的,也许我以前在哪里看见过,但是我发现它对于许多沉醉于爱情中的病人来说都非常合适。

性和死亡 不仅爱情所带来的融合感减轻了马克的存在焦虑,另一种死亡焦虑的润滑剂——性也同样能发挥作用。性是重要的生命驱动力,常常用来对付死亡的念头。我曾遇到过许多这样的例子,比如冠状动脉出了大问题的病人在开往急诊室的救护车上产生了强烈的性冲动,想要去猥亵车上的救护员;新寡的女士在丈夫的葬礼上感受到强烈的性欲望;年老的鳏夫越来越害怕死亡,开始不加选择地与养老院里很多女性发生性关系,造成了种种矛盾,管理者不得不要求他去做心理咨询;有一位女士在自己的双胞胎姐姐死于中风之后开始特别渴望通过性按摩器来达到多重性高潮,她害怕自己同样会死于中风,不过,为了避免女儿发现自己在使用性按摩器,她很快把它扔掉了。

分析死亡恐惧 为了了解马克对死亡的恐惧,我问了他一个问题,正如我在前面几章中对其他病人所做的一样——我让马克告诉我他最害怕死亡什么。马克的回答和其他人都不一样,既不是"所有的事情我都做不了了",也不是"我想看看其他人后来发生了什么"、"我再也不存在了"等,相反,马克担心的是自己的女儿没有了他该怎么办。我帮助他认识到这种担心是非理性的,他把自己的过往经历投射到女儿身上了（他的女儿有健在的、深爱她的父母）。我非常赞同他自己的解决方法，那就是赠送给女儿一份宝贵的礼物——为她做一个平静面对死亡的好榜样。（在第四章中，我曾提到在一个治疗团体里，几位濒临死亡的病人做了同样的决定。）

治疗性行为和治疗性语言　在治疗刚开始时，我首先推荐了一位病人到马克那里参加团体治疗。几乎所有心理治疗师都会对发展这种双重关系持强烈的批判态度，也就是说严禁治疗师与病人形成除治疗关系以外的任何关系。推荐病人到马克那里治疗这个举动的确有些潜在的风险，比如，他十分渴望让我满意，这可能会使得他在对这位病人的治疗中难以保持真诚一致；也可能造成治疗关系中出现三个人——马克、病人还有我自己那个隐藏于其中、影响马克的一言一行的鬼影。

双重关系通常是在治疗过程中需要尽可能避免的，但是在这里，我认为这样做的益处远远比风险大得多。在马克成为我的病人之前，我曾督导过他的团体治疗工作，我认为他是一位称职的团体治疗师。此外，在过去的几年间他所接受的转介个案也一直做得相当出色。

在治疗的最后，马克开始说出他内心深处自我贬抑的想法，坚持认为我也对他有着极低的评价，当时，我做了非常有力的回应——我提醒他我刚刚向他推荐了一位病人。这个举动显然比我说出口的任何一句肯定的话都更加有分量。治疗性行为比治疗性的语言更加有效。

使用此时此地技术 在治疗过程中,我有两次将话题转到了此时此地。马克刚开始时说到,他"通常"在来我办公室的路上开始陷入对露丝的幻想。这句话显然对于我们的咨访关系非常有意义,我暂时把它记在心里;在后来的咨询过程中,我才询问他为什么习惯性地在来见我的路上陷入幻想。

后来,马克问了我好几个问题,关于我的死亡焦虑,还有我的孩子,我回答了每一个提问,也很确定自己理解了他提问的感觉以及他对于我的回答的感觉。**治疗是一个发生相互作用并对这种相互作用做出反应的过程**(当我在下文中讲到此时此地技术时将对这个观点做更多的说明)。最后,我与马克的治疗过程体现了观念和关系的交互作用,正如在其他大部分治疗过程中一样,这两个因素在这里同时发挥了作用。

特伦斯的格言和治疗师的自我表露 特伦斯是公元两世纪时的罗马剧作家,他曾说过的一句格言对于治疗师内在的工作很有帮助——"我是个人,别人和我没什么不一样。"

在治疗快结束时,马克鼓起勇气问了我一个他一直以来深埋在心底的问题。"在我与露丝的整个治疗过程中,你是否觉得我是个合格的心理治疗师?"我回答说我能理解他,因为我也曾多次被病人激起性方面的感觉。我还说到,我确信所认识的每一位治疗师都曾如此。

马克提出了一个让人不太舒服的问题;但是当我真的面对这个问题时,我听从了特伦斯的格言,在我的头脑中找寻自己曾经有过的类似经历,并和马克做了分享。无论一个病人的体验是多么残忍、野蛮、受禁忌,或是令人觉得陌生,如果你愿意进入自己内心黑暗的那部分,你一定可以在自己心里找到类似之处。

刚刚从业的治疗师最好把特伦斯的这句格言作为座右铭,这能帮助他们更加人性化地对待病人;通过在内心寻找类似的体验,治疗师也能由此增强自己的同感能力。在和有死亡焦虑的病人进行工作时,这句格言也特别适用。如果你想要和这些病人真正在一起的话,你必须对自己的死亡焦虑保持开放的态度。但肤浅的谈论不是我们所需要的;这实在不是件容易的事,况且没有任何培训为治疗师们准备了这种类型的课程。

尾声 在接下来的十年里,马克先后有两次因为死亡焦虑复发来我这里做了短期治疗,一次是在他的好友去世时,另一次是在他自己因良性肿瘤需要做手术时。每次治疗的时间都不长,他的情况就有了好转。渐渐地,他觉得自己内心有了足够的力量,还治疗了好几位在接受化疗期间深受死亡焦虑困扰的病人。

掌握时机和觉醒体验——派瑞克的故事

直到现在,因为教学的原因我始终把观念和关系分开讨论,是时候再次把这两部分合二为一了。

有一句至理名言是这样说的——**只有当治疗同盟足够稳固时,观念才会发挥作用**。在我和一位飞行员派瑞克的治疗过程中就出现了时机不对的情况,当时我们还没有形成稳固的治疗同盟,但我却试图把一些观念强加给他。

由于工作原因,他周游在全世界各个角落,想要安排固定的面谈时间实在是有些困难,于是在两年之内我和这位45岁的飞行员进行不定期的治疗。后来,他被选拔到航空办公室工作六个月来完成一些特殊的任务,我们商定充分利用他在地面工作的这段时间,每周见面一次。

像大多数飞行员一样,派瑞克也受到了近来航空产业陷入紊乱的影响。航空公司将他的薪酬削减了一半,掠走了他缴纳了三十年的养老金,还给他安排了过量的飞行任务。各地的时差和持续的生物钟紊乱使他的身体变得虚弱,整个人陷入了严重的睡眠困扰中;与工作有关的那些连续不断又无可奈何的困境更加重了他的睡眠问题。尽管如此,派瑞克所在的航空公司不但拒绝对他的问题负责,而且试图让飞行员们飞行更多的班次。

那么,派瑞克的治疗目标是什么呢?虽然他依然很喜欢飞行,但是他也知道自己的健康状况使得他不得不考虑换工作了。此外,他对自己和女朋友玛丽之间没有活力的同居关系也感到非常不满意。在过去三年里，他逐渐对这段关系失去了激情，他希望要么改善这段关系，要么干脆结束它，搬出去。

治疗进展得非常缓慢，我努力想和派瑞克建立起稳固的治疗同盟，但没有成功。派瑞克是飞机机长，他习惯于独立担当、做出决定，再加上他在军队时所受的"绝对权威"训练，派瑞克对于流露出自己脆弱的一面非常小心翼翼。此外，他也有理由保持谨慎，因为任何确定的精神科诊断结果都会吊销他的飞行员资格证书，丢了饭碗。有这么多障碍横亘在我们之间，派瑞克在整个治疗过程中都和我保持着距离，我完全没有办法触及到他的内心。我也知道他从来不会期待来这里咨询，更不会在平时想到我们之间的治疗过程。

虽然我很担心派瑞克，却没有办法阻止这种隔阂在我们之间继续发展下去。在与他面谈的过程中，我很少觉得开心；彼此很遥远，治疗更是机械化，充满了尴尬。

在我们进行治疗的第三个月的某一天，派瑞克的腹部剧烈疼痛。他去了急诊室，医生检查了他的胃部，触摸到了肿块，为了更准确地诊断，这位医生立即让派瑞克进行扫描。在接下来的四个小时里，他等着扫描结果，非常害怕自己得了癌症。想到自己可能面临死亡，派瑞克在心里做了几个改变人生的重大决定。最终，他得知自己腹部的肿块其实是良性囊肿，便很快通过手术切除了。

但是，那四个小时的死亡反思对派瑞克的人生产生了极大的影响，在接下来的治疗过程中，他对改变所持的态度比以往任何时候都更加开放。他说到，当时想到自己可能会就此无助地死去极度震惊，毕竟生命中还有那么多没有实现的梦想。现在他真正明白了那份工作对自己的身体有伤害，他决定放弃这份多年以来对他意义非凡的工作。所幸的是，他还有退路，他的哥哥一直邀请他去自己的零售公司工作。

派瑞克还决定去修复他和父亲之间的关系。多年前，他们因一次愚蠢的争执而关系破裂，接下来他和全家的关系都随之日趋恶化。此外，在扫描结果出来之前的漫长等待里，派瑞克还决心要改善和玛丽的关系。他决定，或者去坦诚、真实地向玛丽表达自己的爱，和她厮守终身；或者就干脆和玛丽分手，寻找一个更加契合的伴侣。

在接下来的几个星期里，我们的工作变得焕然一新。派瑞克对自己更加开放，对我也更加坦诚了。他开始把那几个重大决定付诸实践，不但与自己的父亲和全家人重新和好，还参加了感恩节时的家庭聚会，这可是十年来的头一回；虽然薪水有所减少，他依然放弃了自己的飞行生涯，接受了哥哥公司里一个部门销售经理的职务；不过，在处理和玛丽之间的关系方面，派瑞克有些拖延。又过了几个星期，他开始退步了，和我之间的互动关系又回到了原来那种散漫的模式中去了。

离他搬到另一个城市去开始新工作只剩三次面谈机会了，我试图催化治疗进程，推动他回到原来刚刚直面死亡之后的状态中去。于是，我给他发了邮件，附上了那次紧急事件之后他来进行治疗的全程记录；当时，他是那么坦诚、开放、充满决心。

以前我使用这个方法效果通常都不错，它能帮助病人重新回到先前的状态里。除此之外，我多年以来都有给参加团体治疗的成员寄去治疗总结的习惯。但是，令我吃惊的是，结果完全出乎意料。派瑞克对我的邮件感到非常愤怒，他觉得我这样做是在惩罚他，他从中看到的只是我的指责。他坚信我在对他进行长篇大论的演讲，让他要么和玛丽结婚，要么干脆离开她。反思起来，我从来没能和派瑞克建立起稳固的治疗同盟。因此，很不幸，在这种不信任，甚至是竞争性的咨访关系里，再好的出发点，再精心策划的治疗手段都会失败：因为病人会觉得他被你的观察结果所打败，最终他也会找到一个途径去打败你。

在此时此地进行工作

有一个常见的问题是，假如一个人有关系亲密的好朋友，那么他/她是否还需要治疗师呢？好朋友对健康人生非常重要，况且，如果一个人身边围绕着好友或是（更重要的是）他/她有能力建立起充满爱的关系，那么他/她也就不太可能需要心理治疗了。治疗师和好朋友的区别在哪里呢？你的好朋友（或者发型师、按摩师、理发师或是健身教练)会支持你、理解你,在你需要的时候,他们是充满关爱、可以信赖的知己,但是有一点他们和治疗师完全不同,那就是——只有治疗师会以此时此地的方式与你面对面。

此时此地的互动(即对他人的行为做出即时反应)在日常交往中很少发生。如果人们这样做的话,那意味着彼此之间关系非常亲密,否则很有可能会立刻引起冲突(比如,"我不喜欢你看着我的那种方式")。此外,在父母与孩子的关系中,你同样可以看到这种互动(比如"当我和你说话时不要把眼睛转来转去")。

在治疗过程中,此时此地技术关注的是治疗师和病人之间即刻发生的事情,而不是病人过去发生的事情(那时那地),也不是病人目前这个阶段发生在咨询室之外的事情(此时那地)。

为什么此时此地如此重要呢?心理治疗的培训课上会提到一个最基本的常识,即治疗情境是社会情境的缩影。也就是说,病人迟早会在治疗情境中呈现出与他们在治疗室外的生活情境中相同的行为。妄自菲薄的人、傲慢自大的人、恐惧不安的人、招蜂引蝶的人、贪得无厌的人等都迟早会在与治疗师的互动中呈现出相同的行为模式。这时候,治疗师就可以聚焦于那些发生在社会关系中的困扰是如何形成的,病人在其中扮演了怎样的角色。

这是引导病人为自己的生活处境承担责任的第一步。最终,病人开始接受一个基本的观点,即如果你对自己生命中发生的坏事负责,那么你,也只有你,能够改变它。

此外还有重要的一点,治疗师通过此时此地技术搜集到的信息非常精确。虽然病人总是花很多时间讲到自己如何与其他人交往,比如与爱人、朋友、老板、老师、父母等,但是你——治疗师——只能通过病人的视角了解到这些人(以及他们与病人之间的交往)。这些来自治疗室之外的讯息都是间接的讯息,常常有失偏颇,可信度极低。

有很多次,我听到自己的病人谈论到另一个人,比如自己的伴侣,而后来当我在夫妻治疗中遇到病人的伴侣时,我只能摇着头称奇了——那个活泼可爱的人就是我这几个月以来在治疗室里听到的那个愤怒、迟钝、冷漠的人吗?治疗师几乎完全通过观察治疗关系来了解自己的病人,也就是说,最可靠的讯息来自于你和病人交往的直接经验,以及他/她如何与你互动,那便是他/她与其他人互动的方式。

在治疗中正确使用此时此地技术会为病人创造一个安全的氛围,在这样的氛围中病人较敢于冒险,让自己内心深处最阴暗和最光明的部分都呈现出来;病人也会聆听并接受治疗师的反馈。最重要的是——在这样的氛围中,他们有勇气尝试做一些个人改变。你越关注此时此地(在每次治疗过程中我一定会这样做),你和你的病人也就能越紧密地联系在一起,建立起亲密互信的关系。

好的治疗有着明确的节奏。病人会在治疗过程中流露出先前压抑或否认的情绪,治疗师需要理解并接纳这些往往非常脆弱的情感。通过这种接纳，病人会感到安全和被肯定，愿意尝试更多的冒险。由"此时此地技术"而引发的亲密感和相互联结会让病人更投入地参与到整个治疗过程中去；在治疗室里，它成了亲密关系的试金石，病人可以在它的引导下反思并重新发展自己的社会关系。

当然，病人与治疗师之间良好的关系并非治疗的最终目标。病人和治疗师并不是要发展出一段长久的朋友关系，但是病人与治疗师之间的亲密关系可以作为他／她在咨询室之外发展其他社会关系的演习。

我赞成弗瑞达·弗洛姆·里奇曼的观点——治疗师应该努力让每一次治疗过程值得纪念。达到这个目标的金钥匙便是利用此时此地的力量。我在其他著作中用了较大篇幅来介绍如何利用此时此地技术进行治疗工作，这里只是介绍几个重要的步骤而已。虽然下面我所举的例子中有些并不是以死亡焦虑为核心问题的，但是它们会为治疗师们提供良好的示范，帮助他们学习与所有病人建立起更亲密的关系，其中包括那些与死亡恐惧苦苦斗争的病人。

提高对"此时此地"的敏感度

在与马克的治疗过程中使用此时此地技术不成问题，首先我直接询问他为什么总是在来见我的路上想到露丝，后来我对他在治疗过程中行为模式的改变（即他问了我好几个个人问题）进行了反思和讨论。但是，治疗师常常需要寻找那些更精细的转变点。

在多年的临床实践中，我对病人们在治疗情境下不同的行为模式进行了总结，也发展出一些自己的经验，尽管它们看上去似乎有悖常理。想想那些看上去不太重要、与治疗也没有什么关系的事，比如停车。在过去的十五年里，我的办公室位于我家前面几百米之处，离外面的大街有一段又长又狭窄的路程。虽然在我家和办公室之间有足够的空间可以停车，但是我偶尔会注意到某些病人总是习惯性地把车停在远远的大街上。

在某些时候，询问这些停车地点的选择会非常有帮助。一个病人回答说，他不希望别人看见自己的车停在我的家门口，因为他担心也许会有些人，比如来我家拜访的客人认出他的车，发现他在看精神科医生；另一个病人说她不希望打搅我的私人生活；还有一个病人其实是不想让我看见他那昂贵的玛莎拉蒂车，为此觉得尴尬。每个理由显然都与治疗关系密切相关。

从治疗室之外走入治疗室之内

有经验的治疗师会对此时此地浮现出来的任何主题保持敏感。随着治疗师搜集的讯息从病人在治疗室之外的生活事件或遥远的过往经历转向此时此地，治疗师提高了病人参与治疗的程度和治疗工作的效率。接下来，我将用一次治疗过程来说明一个引导性的技术，当事人是一位因死亡恐惧前来咨询了一年的40岁的女士艾伦。

艾伦一走进治疗室就说到她差点取消了这次面谈，因为她感觉自己生病了。

"你现在感觉怎么样？"我问。

她毫不在意地说："我好多了。"

"你生病的时候家里发生了什么？"我问道。

"我丈夫一点儿没照顾我，他甚至压根儿就没有注意到我生病了。"

"那么，你做了什么呢？你怎么让他知道你需要照顾呢？"

"我从来不是一个抱怨者，但我也不介意他在我生病的时候做点儿事情。"

"因此你希望被照顾，但是不希望自己来提出要求或者暗示你需要照顾。"

她点点头。

在这时候，我其实有很多选择。我可以继续和她探讨为什么丈夫对她不够关心或是与她一起回溯过去生病的经历。但是我选择了把话题转向此时此地。

"那么，告诉我，艾伦，在这里你感觉怎样？在这间办公室里你也从不抱怨，即使我是你正式的照顾者。"

"我告诉过你因为生病我今天差点取消了治疗。"

"但是当我询问你感觉怎样的时候，你毫不在意，更没有多说些什么。我想知道，如果你真的抱怨一下，真的告诉我你希望我做些什么，那会怎样？"

"那就像是在乞讨。"她立即回答说。

"乞讨？即使你支付了费用？和我讲讲到底在乞讨什么？乞讨让你想到了什么？"

"我有四个兄弟姐妹，家教告诉我不要抱怨任何事情。我好像还能听见继父的声音在耳边响起：'成熟一点儿，你不能一辈子总是哭。'我不记得有多少次继父这样对我说了。而我的母亲又强化了这一点，她为自己的再嫁感到非常幸运，不希望我们得罪继父。我们都是拖油瓶，而他又那么刻薄无情，我最不愿意做的事情就是吸引他的注意力。"

"因此，你虽然来这间办公室寻求帮助，却不让自己有任何抱怨。刚才这番话让我想起几个月前当你的颈椎出了问题的时候，你穿着高领的衣服，但你完全没有谈论这件事情。我记得我当时有些疑惑你是否正觉得疼。你从来不抱怨，但是，告诉我，如果你试着向我抱怨，你认为我会说什么或是感觉怎么样？"

艾伦用手扯了扯她那条印花的裙子——她总是穿着很整洁，显得干净利落——她闭上了眼睛，深深吸了一口气说："两三个星期前我做了一个梦，没告诉你。我梦见我在你的浴室里，流着经血，我没法止血，也没法把自己洗干净，血弄在我的袜子上，还渗在了我的帆布鞋上。你在隔壁的办公室里，但是没有过问发生了什么。然后我听到那里有些人的声音，也许是你的下一个病人，或是一些朋友，或是你的妻子。"

这个梦表明她担心自己可耻、肮脏、隐秘的部分最终会在治疗过程中呈现出来,而且,她认为我很冷漠——我没有询问她发生了什么,我忙于给其他病人做治疗或是和朋友们在一起,我既不想也不能帮到她。

在艾伦告诉我这个梦之后,我们的治疗进入了一个全新的、建设性的阶段,她开始探索自己内心深处的不信任感、对男人的恐惧,以及害怕与我靠得太近的感觉。

这个片段说明了应用此时此地技术的一个重要原则,即当病人讲到生命中的某些主题时,治疗师可以寻找此时此地发生的类似事情,以将这个主题以某种方式带入治疗关系中去。当艾伦提到她生病了,丈夫却不照顾她的时候,我立即将焦点转移到治疗过程中对她的照顾上来。

随时审视此时此地

我建议,在一次治疗过程中至少审视一次此时此地。有时候我会直接说:"这个小时的咨询快要结束了,我想和你一起反思一下我们今天都做了哪些工作,还有我们两人之间的氛围如何?"或者是"今天我们两个人之间的距离有多远?"有时候,这样问什么也问不出来,但即便如此,我已经发出了邀请,建立了规则,即我们会公开审视发生在彼此之间的一切。

不过,通常情况下这样问都会问出一些内容来,尤其当我加上一些观察结果的时候。比如,"我注意到我们在重复讨论上星期已经讲过的话题,你是否也这样觉得呢?"或是"我注意到你在过去的几个星期里没有再提到自己的死亡焦虑了,你怎么看待这点?是不是你觉得这对我来说太沉重了?"或是"我觉得刚开始治疗时我们离得很近,但是在最后的二十分钟我们又退回去了,你同意吗?你是否也注意到这点了?"

如今的心理治疗培训经常是直接切入短期结构化治疗,以至于许多年轻的治疗师会认为我关注此时此地的治疗关系与治疗目标毫不相关,或是太过矫揉造作,甚至有些奇怪。"为什么这么自我关注呢?"他们总是问。"为什么把所有的一切都弄回到虚幻的治疗关系上来呢?毕竟,我们无法在治疗中为病人铺好整条人生大道,使用那些过于直接的话会让病人面临挑战和冲突,还会让他们感觉不舒服。"

答案当然如同我们从派瑞克的个案中所学到的一样——良好的治疗同盟是任何治疗方法能够产生效果的先决条件。治疗同盟不是结果而是带来结果的手段。如果病人能和治疗师形成真正的信任关系,他们的内心会产生重大的转变,他们会向治疗师坦诚地说出一切,并且仍然被治疗师接纳包容,从治疗师那里获得支持。这样一来,病人会体验到一部分全新的自我,而不是以前那否认或扭曲的部分。病人开始评估自己和自己的视角而不是盲目揣测他人的想法,他／她逐渐把治疗师对自己的尊重转化成个人的自尊。此外,病人也有了一个新的评估关系好坏的内在标准,一旦他／她曾拥有过一段真正的亲密关系,他／她也就有信心和愿望在未来建立起同样的亲密关系。

学会使用你自己此时此地的感觉

作为一名治疗师,你最有价值的工具是自己对于病人的反应。如果你觉得害怕、愤怒、被引诱,感到迷茫,甚至被蛊惑或是有任何其他的感觉,你应该非常认真地对待这些反应。它们都是重要的讯息,你必须找到方法在治疗中善用它们。

但是,正如我对还在受训的治疗师们所建议的,你必须首先区分这些感觉的来源。这些感觉在多大程度上来自于你自己的癖好,或是这些异常焦虑的话题影响了你自己的情绪?换句话说,你的观察是否精确?你的感觉所提供的讯息是关于病人的还是关于你自己的?这里我们就要涉及到移情和反移情的领域了。

当一个病人以某种不恰当也不合逻辑的方式对治疗师做出反应时,我们称之为"移情"。有一个很好的例子能够说明移情过程中的曲解,一个病人在没有任何背景原因的情况下对治疗师非常怀疑,而这位治疗师在其他病人那里却颇有口碑,此外,这位病人习惯于不信任大多数处于专家或权威地位的男性。("移情"这个词的含义当然来自于弗洛伊德的观点,即童年早期对于成人的重要感觉"转移"或投向其他人身上。)

同时,截然相反的情况也会发生,即治疗师对于自己的病人有成见。也就是说,治疗师以歪曲的方式看待病人,与其他人(包括其他治疗师)看待同一个人的方式完全不同。这种现象就是"反移情"。

你需要区分这两者。病人在与治疗师的互动中是否有强烈的歪曲事实的倾向？或者治疗师是否戴着有色眼镜看待病人，感到生气、困惑或是防卫（或者可能是感觉非常不好）？

我总是不知疲倦地告诫那些还在受训的治疗师，他们最重要的工具就是自己，也正因如此，这个工具必须经过精心打磨。治疗师必须有足够的自我了解，相信自己的观察结果，以不矛盾、充满关注、专业的方式与自己的病人交往。正是因为这个原因，每一个治疗师培训项目非常核心的一部分正是（或应该是）个人治疗。我认为治疗师不仅应该在接受培训的过程中进行多年的个人治疗（包括团体治疗），而且他们应该在一生之中时常接受治疗。一旦你有信心做一名治疗师，一旦你对自己的观察结果及其客观性充满自信，你也就能更加自由、自信地使用你对病人的那些感觉了。

"我对你非常失望！"——娜奥米的故事

娜奥米是一位68岁的退休英文教师，她有着强烈的死亡焦虑、严重的高血压以及其他许多躯体疾病。我对她的治疗过程将使你明白在使用治疗师此时此地的感觉进行工作时的各个要点。一天，娜奥米带着她一贯的热情笑容走进了我的办公室。她坐下来，头抬得很高，眼神直直地盯着我，用没有起伏的声调开始对我进行令人目瞪口呆的漫骂。

"上次治疗中你对待我的方式真让人失望，非常失望！你根本没和我在一起，你根本没有给我想要的东西，你完全不能理解一个像我这样年纪的女人有着这样折磨人的胃肠问题是多么糟糕！对我来说谈论这些感觉有多么糟糕！结束咨询时我想到了几年前发生的一件事情，我因为严重的阴道损伤去看皮肤科专家，他居然邀请了他所有的学生来看检查结果。太可怕了！那就是我上次在你这里进行治疗的感觉，你根本没有达到我的要求！"

我有些呆住了。我一边考虑如何进行最好的应答，一边在头脑中快速回忆上次面谈的场景。（当然，在她走进咨询室之前我已经读过自己当时的笔记了。）我对于先前那次治疗的看法与她刚才讲的完全不同，我以为那是一次出色的治疗，自认为做得还不错。娜奥米非常坦诚地讲到自己对那衰老的身体以及诸多胃肠方面的问题，比如胀气、便秘、痔疮等感到多么沮丧；讲到她给自己进行灌肠的困难以及她想起小时候灌肠的经历等。这些不是能够轻易说出口的事情，我告诉她我非常赞赏她愿意和我分享这些。由于她觉得自己服用的一些治疗心律失常的新药造成了她的一些症状，我还在治疗过程中拿出了自己的外科医生临床药典，查阅了这种药物对她的副作用。我记得自己很能理解她，因为这次服用新药的麻烦无疑使得她在原先药物治疗的痛苦经历中又多加了一重折磨。

那么，我该怎么办？和她一起分析先前的治疗过程？看看她对我理想化的期望是什么？探讨一下我们对于先前治疗过程完全不同的感觉？但是有些更重要的东西，那就是我自己的感觉。此刻,我对娜奥米突然窜升起一股怒火——她高高在上,目中无人,完全不尊重我的感觉就对我妄加评论。

而且,这也不是第一次了。在我们三年来的治疗过程中,她有好几次都以这种方式开始治疗,但从来没有像现在这样让我怒火中烧。也许是因为上周治疗结束之后我特地多花了一些时间来研究她的问题,向我的一位朋友、一位胃肠专科医生描述了她的症状,但我还没来得及向她提到这件事情。

我觉得让娜奥米知道我的感觉非常重要。一方面,我知道她一定会体会到我的感觉,她有极其敏锐的洞察力;况且,毫无疑问的是,如果我对她感到愤怒,她在生命中遇见的其他人一定也会。不过,对于一位病人来说,听到治疗师对他/她感到愤怒可能有点儿难以承受,于是,我决定温和地表达我的情绪。

"娜奥米,我对你的评价感到非常吃惊,这有点儿出人意料。你这样说太……太……傲慢了。上周我其实非常努力地和你一起工作,竭尽全力给予你想要的。此外,这不是第一次你以这种强烈批判的方式开始我们的治疗了。在其余的许多次治疗中,你却以完全不同的方式开始;也就是说,有时候你又会对某次治疗感激不尽,但我其实并不觉得那几次有多么好,这也会让我觉得困惑。"

娜奥米看上去很害怕,她的瞳孔张得很大。"你的意思是说我没有真实地告诉你我的感觉?"

"不是,绝不是这个意思。我们两个人都不该保持沉默,我们都应该分享自己的感觉，然后分析它们。老实说，我对你的这种方式非常震惊，你也许可以用完全不同的方式来表达。比如，你可以说上周我们的治疗进展得不太好，或者你觉得离我很遥远，或是……"

"看着，"她的声音变得尖锐刺耳，"我觉得我的身体像是喝醉了酒，一块一块地剥落下来。我的冠状动脉中有两处堵塞，起搏器在我的心脏里滴滴答答地走着，我的一半屁股是人造的，另一半屁股更是要了我的命，那些药让我膨胀得像头猪，还有，放屁让我在公众场合感到非常羞耻。难道我还要在这里蹑手蹑脚吗？"

"我知道你对于自己身体的感觉，也能感受到你的痛苦，上周你和我谈了很多。"

"那你说我'傲慢'是什么意思？"

"你直直地盯着我还有和我说话的方式就好像你在进行一场审判。在我看来，你完全没有考虑你说的话会带给我什么样的感觉。"

娜奥米的脸色沉了下来。"我说的话，我的姿势，还有我和你说话的方式，"这时她几乎发出愤怒的嘶嘶声了，"明明是你让我这样的，是你让我这样的！"

"那里面藏着很多情绪，娜奥米。"我说。

"嗯，我对你的指责非常失望。在这里我总是感到很自由，这是一个我可以想说什么就说什么的地方。现在你告诉我如果我觉得愤怒，我不应该让自己随意地说出来。这让我非常失望，这不是过去我们的工作方式，也不该是这样的方式。"

"我从来没有要求你在这里不能想说什么就说什么，但是你一定会想知道你所说的话对我产生了什么样的影响吧？你不会希望我故意保持沉默吧？毕竟，你的话一定会带来一些结果。"

"你什么意思？"

"也就是说，在治疗开始时你所说的这番话让我觉得离你非常遥远，这就是你想要的吗？"

"说清楚点儿，你在绕圈子。"

"这里有些矛盾，我知道你希望我和你走得更近更亲密，你说过很多次。但是你所说的话却又让我不得不小心谨慎，你让我觉得如果我要接近你的话得小心点儿，否则我会挨打。"

"现在这里一切都不一样了，"娜奥米说，她把头耷拉了下来。"再也不会和以前一样了。"

"你的意思是说我此时此刻的感觉就无法改变了？用水泥固定在这里了？记得去年，你的朋友对于你非要去看一场电影感到非常愤怒，而你当时惊慌失措地认为她再也不会和你说话了。现在，你看，感觉是可以改变的，你和她坦诚地说出了自己的感受，你们的友谊继续发展下去了。实际上，我觉得你们两个更加亲密了呢！记住，这里的氛围对于我们理清一些事情会更加有帮助。因为这里不像其他地方，我们都有一些特殊的规则，那就是无论发生什么，我们都保持沟通。"

"但是娜奥米，"我继续说，"我现在已经能和你的愤怒保持一段距离了。当你说'明明是你让我这样'的时候，那种感觉非常强烈，好像是一种来自心灵深处的感觉。"

"我也很吃惊，那种感觉强烈地袭击了我。那种愤怒，不，不是愤怒，是暴怒，几乎要把我点燃了。"

"只是和我在这里会这样，还是在其他地方也是如此？"

"不，不只是和你在这里会这样，在任何地方都会。昨天我的侄女开车送我去看医生，有一个园丁的货车挡住了我们的去路。我对司机极其愤怒，几乎想去撞他，但我到处找他没找到。然后，我开始对侄女感到非常愤怒，因为她没有绕过那辆货车顺利地开过去，虽然那意味着要开上人行道绕过去。她说这里的空间不够。但我很坚持，我们一边争吵一边下了车，她用脚丈量了距离，告诉我这里的空间不够，因为路边停着车。此外，人行道的台阶也太高了很难开上去。她一直在说：'平静一点儿，娜奥米姑姑，园丁在做他的工作，他也不想这样，他正在努力改善。'但我控制不了自己。我对那园丁非常愤怒，一直忍不住想：'他怎么可以这样对待我？他太不讲规矩了。'"

"当然，我的侄女是对的，司机带了两个帮手赶回来，他们把货车推到了路边，这样我们就能开过去了。我觉得很羞耻。我是一个胡搅蛮缠的老女人，我到哪里都会生气，对谁都生气。比如服务员没有及时把我的冰茶送过来，比如停车场的收费员来得太慢，比如电影院的售票员笨手笨脚地找钱给我，让我等了那么长时间才拿到票,该死!那么长的时间我都可以卖掉一辆车了!"

这时候,治疗的时间到了。"娜奥米,很抱歉我们现在要结束治疗了。今天你的情绪很强烈,我知道在这时候结束对你来说一定很不舒服,但按照规矩结束咨询是我们很重要的功课。让我们下次继续,一起来看一看这些愤怒到底为什么会冒出来。"

娜奥米同意了,但是第二天她打电话来说,还要再等一个星期让她觉得狂怒不止,于是我们在第三天安排了一次面谈。

她以不同寻常的方式开始了治疗:"你也许听说过狄兰·托马斯的诗《不要温和地走》。[1]"

在我回答之前,她自己就开始背诵了第一段:

不要温和地走进那个良夜,

老年应当在日暮时燃烧咆哮;

怒斥,怒斥光明的消逝。

虽然智慧的人临终时懂得黑暗有理,

---

[1] 全诗如下:不要温和地走进那个良夜,老年应当在日暮时燃烧咆哮;怒斥,怒斥光明的消逝。 虽然智慧的人临终时懂得黑暗有理, 因为他们的话没有迸发出闪电,他们也并不温和地走进那个良夜。善良的人,当最后一浪过去,高呼他们脆弱的善行,可能曾会多么光辉地在绿色的海湾里舞蹈,怒斥,怒斥光明的消逝。狂暴的人抓住并歌唱过翱翔的太阳,懂得,但为时太晚,他们使太阳在途中悲伤,也并不温和地走进那个良夜。严肃的人,接近死亡,用炫目的视觉看出,失明的眼睛可以像流星一样闪耀欢欣,怒斥,怒斥光明的消逝。您啊,我的父亲,在那悲哀的高处,现在用您的热泪诅咒我,祝福我吧,我求您,不要温和地走进那个良夜。怒斥,怒斥光明的消逝。(译者佚名)——译者注

因为他们的话没有迸发出闪电，他们

也并不温和地走进那个良夜。

"我还可以继续背下去，"娜奥米说，"我从心里理解这首诗，但是……"她停了下来。

哦！请继续说，继续说吧，我心里想。她读得那么美，我最喜欢的事情就是聆听别人吟诵诗词了，这样的治疗过程别人居然还要向我付费，这是多么奇怪的事情！

"你问我为什么愤怒，这些诗句给出了你要问的答案，或者说是我们的问题的答案，"娜奥米说，"昨天晚上，我正想着我们的治疗过程，这首诗涌进了我的脑海。有意思，这么多年以来，我给高二的学生讲授这首诗，但是从来没有仔细想过这些诗句的含义，或者说，至少我从来没有把这些句子用在自己身上。"

"我想我能理解你的意思，"我说，"但是我很愿意先听听你的说法。"

"我认为……不，我的意思是说，我的愤怒肯定和我目前的人生状态有关。我的衰老和死亡就在不远处了，所有的一切都会被带走，我的臀部、我的肠胃、我的性欲、我的力量、我的听力和视力。我很虚弱，毫无防备，只有等着死亡来临。因此我其实听从了托马斯的建议——我不想太温柔。我对我的岁月即将结束充满了愤怒，而我那些可悲而无能为力的话显然是在为光明而挣扎，我不想死。我猜我一定觉得发怒有帮助，但是也许发怒唯一的作用就是激发出更多的诗句。"

在接下来的治疗中，我们把焦点更集中也更有效地放在愤怒背后的恐惧上。娜奥米（和托马斯）压抑死亡焦虑的方法帮助她应对了衰退和无力的感觉，虽然这很快产生了事与愿违的后果——时常暴怒使得她与内心深处重要的支持感失去了联结。真正有效的治疗不仅应该作用于那些显而易见的症状（在这里是指愤怒情绪），而且应该着眼于产生症状的深层原因——死亡恐惧。

有几次我抓住机会描述了娜奥米傲慢的行事方式，提醒她这样说话的后果，但其实我有一张很大的安全网，那就是我们在很长一段时间里建立起来的彼此信任的亲密关系。虽然没有人喜欢听到负面评价，尤其是来自治疗师的，但是我试着一步步地赢得她的接纳。我使用那些我觉得不会冒犯她的话，比如我会说："我感到离你很遥远。"这暗示着我希望与她走得更近，彼此更加亲密，有谁会对此感到不悦呢？

此外（这点也非常重要），我并不是对她所有的一切都横加挑剔，我只是对她的各种行为方式做出自己的反馈。我会告诉她，当她以这种或那种方式行事时，我的感觉是这样或者那样的。然后我会很快加上一句，这完全与她的期望相悖，既然她完全不希望我感觉她疏远、善变或是害怕她的话。

下面讲一讲我在治疗过程中对于娜奥米的同感。有效的、彼此联结的治疗关系非常重要，在前面的章节中，我曾介绍过卡尔·罗杰斯所提出的有效的治疗师的行为原则,我非常强调其中治疗师设身处地的同理心原则(其他两个是无条件的接纳和真诚一致)但是,利用同理心来进行工作需要注意两个维度——你不仅须要体验病人的内心世界,而且**须要帮助病人发展自己对于他人的同理心。**

一个有效的方法是询问病人:"你觉得,当你这样说时会让我感觉怎么样?"就这样,我小心谨慎地让娜奥米知道她这样说话所带来的后果是什么。她最早对于自己愤怒情绪的反应是"明明是你让我这样的",到了后来,当她能够保持一定距离来反思自己的情绪时,她为自己恶意的声调和话语感到不安。她不希望引起我的负面情绪,害怕破坏了我们之间安全、支持的治疗氛围,而这种氛围正是她衷心希望能保持下去的。

治疗师的自我表露

只有自我表露对病人有益时,治疗师才应把自己此时此地的感觉反馈给病人,就像我在娜奥米的案例中所做的那样。在我给予治疗师的建议中,没有什么比坦诚地暴露一些自己的内心更让他们感到不安的了。这把他们推到了危险的边缘上,引发了"病人可能会侵入他们的私生活"的梦魇。在下文中我会详细介绍这些异议,现在让我首先申明,我的意思不是让治疗师不加鉴别地进行自我表露。

记住，治疗师的自我表露并非只有一个维度，而是各种各样的。比如，我在对娜奥米的治疗过程中使用的便是"此时此地的自我表露"，另外还有表露治疗机制、表露治疗师个人过去或现在的生活等不同类型。

表露治疗机制

我们是否清楚无疑地知晓治疗为何会发挥作用呢？陀思妥耶夫斯基笔下的宗教大法官[1]认为，人类真正想要的是"奇迹、神秘和权威"。实际上，在早先的治疗师和宗教领袖身上你都可以看到大量此类难以言传的因素,比如萨满便是奇迹和神秘的代言人。早期的外科医生在尚未出现药物研究的年代便把自己装扮在白大褂里，做出一副无所不知的模样，向困惑的病人显示着那些用拉丁文书写的令人印象深刻的处方。现在心理治疗师们又开始走这条老路了，这次他们用自己不肯轻易暴露的想法、高深莫测的分析解释、悬挂在墙上的文凭，以及各大名师的照片来使得自己远离病人、凌驾于病人之上。

直到今天，许多治疗师只会向病人粗略地描述治疗如何发挥

---

[1] 宗教大法官，见丁陀思妥耶夫斯基的小说《卡拉与佐夫兄弟》第二部卷二第五节，是一个可独立成章的故事。弗洛伊德曾动情地称颂道："这是迄今为止最壮丽的长篇小说，小说里关于宗教大法官的描写是世界文学中的高峰之一，其价值之高是难以估量的。"——译者注

作用。因为他们接受弗洛伊德的观点：如果治疗师的真实自我显得模棱两可、缺乏相关的信息，这反而能促进移情现象的产生。为什么弗洛伊德认为移情如此重要呢？因为对移情的探索能够提供有关病人的内在世界和早期生活经历的颇有价值的讯息。

但是，我认为，如果治疗师在治疗过程中进行坦诚的自我表露，不但不会失去什么，反而收益更大。目前对于个人和团体治疗大量有说服力的研究表明，病人对于心理治疗进行系统的、充分的准备能够促进治疗效果的产生。至于移情，我觉得它就好像生命力旺盛的生物，无论白天黑夜都能生机勃勃地成长。

因此，我个人在临床实践中总是让治疗机制保持透明。我会告诉病人治疗如何进展以及我在整个过程中扮演的角色，更重要的是，他们能做些什么来促进自己的治疗进展。如果这些对于病人来说显得有些复杂，我会毫不犹豫地推荐一些心理治疗方面的书籍给病人阅读。

我非常强调澄清此时此地的治疗师和病人的关注点在哪里，即使在第一次咨询中，我都会询问此时此地我和病人正在做什么。我会这样问，比如"你对我有什么期望？""我怎么做能满足你的期望，怎么做会违背你的期望？""我们现在在正轨上吗？""你是否对我有些情绪需要拿出来一起探讨？"等等。

在询问过这些问题之后，我会继续说："你会发现我常常这样问，我询问这些关于此时此地的问题是因为我相信，探讨我们之间的关系会给我们带来有价值的、精确的讯息。你可以告诉我你和朋友、老板,或是伴侣有关的故事,但是这样会有一个局限,那就是我并不认识他们。你会不由自主地基于你个人的偏见告诉我一些讯息。我们每个人都是如此,这没有办法。但是,在治疗室里发生的事情是真实可信的,因为这是我们两个人共同经历的,我们可以立即对这些讯息进行工作。"我所有的病人都会理解这种解释,并且接纳它。

表露治疗师的个人生活

把自己的个人生活打开一条门缝,有些治疗师会害怕,病人有可能就此没完没了地问下去,"你觉得高兴吗?你的婚姻生活怎么样?你的社交生活呢?你的性生活呢?"

在我看来,这些都是假想中的恐惧。虽然我鼓励病人提问题,但是没有一个病人会那么坚持地去了解关于我个人的那些让人不舒服又太过私密的生活细节。如果这种事情的确发生了,我会聚焦于过程而并非问题本身,也就是说,我会询问病人强迫我回答或令我感到尴尬的原因。在这里,我再一次向治疗师们强调,自我表露只有在对治疗起到促进作用时才是适当的,自我表露不是因为你自己的需要或习惯。

无论这些自我表露能够在多大程度上促进治疗效果的产生,它本身都是非常复杂的行为,我们可以从卜文詹姆斯的故事中了解到这一点。我在第三章中曾描述过詹姆斯的故事,他现年46岁,他的哥哥在他16岁的时候死于一场车祸。

一个难以回答的问题——詹姆斯的故事

虽然我作为治疗师的原则之一是包容和无条件的接纳，但是我依然会有自己的偏见。我的死穴是那些古怪的信念，比如芳香疗法、半神化的印度教古鲁、意念大师、预言家，还有各种未经验证的营养学论断，以及那些奇特的传言，比如外星旅行、水晶能量、神迹、天使、风水、任意门、千里眼、灵魂出窍、鬼、前世，乃至不明飞行物和天外来客创立了早期文明、在麦田上设计了模型、建成了埃及金字塔等。

尽管如此，我相信自己总能打破所有的偏见，无论对方的信仰体系如何，我总能与他们展开治疗工作。但是，那天，当詹姆斯带着他对超自然现象异乎寻常的热情走进治疗室的时候，我知道我的治疗中立性要面临严峻的考验了。

虽然詹姆斯并不是因为他的超自然信仰来进行治疗的，但是在每次面谈中，围绕这些信仰的一些主题会浮现出来。以下便是我对詹姆斯的一个梦进行工作的过程。

我在空中翱翔，去看望住在墨西哥城的父亲。我在城市上空滑翔，透过他卧室的窗口向里看。我看见他在哭，我没有询问他就知道他在为我哭泣，他在为当我还是个孩子的时候便抛弃我而哭泣。接下来，我发现自己在墓地间，我的哥哥埋葬在那里。因为一些原因我拨了自己的手机号码,听到我自己的声音说:"我是詹姆斯……我很痛,请来帮助我。"

在讨论这个梦的时候,詹姆斯难过地说到他的父亲在他还是个孩子的时候抛弃了全家,他不确定父亲是否还活着,他所听到的关于父亲的最后的消息便是他住在墨西哥城的某个地方。印象里,詹姆斯从来没有听父亲说过一句温柔的话语或是收到他的任何一份礼物。

在我们对这个梦进行了几分钟的讨论之后,我说:"因此,这个梦似乎表达了你希望从父亲那里获得点儿什么的期望,有一些信号表明,他在想着你,他为自己没有做一个好父亲而感到懊悔。"

"并且手机传达的讯息是在寻求帮助。"我继续说,"让我惊讶的是,你总是说自己很难开口寻求帮助,有一次你还说过我是唯一一个你明确去寻求帮助的人。但是在梦中,你对于寻求帮助更加开放了,这个梦是否也预示了改变即将发生呢?梦是否在告诉我们一些事情呢?也许你从我这里得到的和需要的东西正是你渴望从父亲那里得到的。"

"并且,在梦里,你去了哥哥的坟墓,你怎么看待这件事情?你是否在寻求帮助,让自己真正面对哥哥的死亡?"

詹姆斯同意我对他的关怀点燃了他内心对于父爱的觉知和渴望。他也赞同自从开始治疗之后,他开始改变了,更容易和自己的妻子、母亲分享他的问题了。

但是,他又加了一句:"你提出一种看待这个梦的方式,我不是说它不对或是没有用,但是,我有另一个对我来说更加真实的解释。我相信,你所称为'梦'的东西并不是真的梦,那是一段记忆,记录了我昨天晚上空中旅行去父亲家里和哥哥墓前的经历。"

我注意没让自己不自觉地转动眼睛或是以手托腮。在梦里打自己的手机对他来说是否也是一段真实的记忆呢?但我可以肯定,明确地挑战他或公开表明我们在信仰上的差异一定会带来反作用。于是,在进行治疗的几个月里,我都自我约束不要去评判詹姆斯的信仰,试着想象自己活在一个充满灵魂与外星旅行的世界里;同时,我也试着温和地探索这些信仰的心理来源和形成的历史。

在后来的治疗过程中,他有些羞愧地谈到自己的酗酒和懒散,还说到以后他在天堂与祖父母、哥哥重新相聚的时候他会为此感到羞耻的。

几分钟之后,他说:"我注意到,当我说到在天堂与我的祖父母重聚时你眯眼睛了。"

"詹姆斯,我没有意识到自己眯着眼睛。"

"我明明看见了!在我说到我的外星旅行时,你就眯眼了。告诉我真相,欧文,你对于我刚才说到天堂的事情到底怎么想?"

我可以像治疗师们经常做的那样躲开这个问题,只是对他询问这个问题的过程做出反应,但是我觉得自己最好完全保持真诚一致,既然他毫无疑问已经注意到我内心其实有所批判,拒绝承认这些事情只是在否认他对现实精确的观察,破坏我们的治疗过程。

"詹姆斯,我告诉你我心里到底是怎么想的。当你说到你的祖父和哥哥知道如今你生活中发生的任何事情时,我吓了一跳。那不是我的信仰,但是当你这样说的时候,我试图努力去体会你的感觉,想象如果我生活在一个充满了灵魂的世界里,一个死去的亲人会洞悉你所有的人生和思想的世界里会怎样。"

"难道你不相信死后世界?"

"不相信,不过我觉得我们可能永远无法确认这一点,我想这一定可以给你带来很多安慰。所有能让你的内心感到宁静,让你对生活满意,并且能让你对生活充满活力的观念我都觉得有帮助。但是从我个人来说,我觉得在天堂重逢的观点是值得置疑的,这只是来自于人类美好的期望而已。"

"那你信仰什么宗教呢?"

"我不信任何教或是任何神,我对生命的观点是完全现世的。"

"但是,这样一来该如何生活下去呢?没有神给予你的道德规定,人生该如何忍受?并且,假如没有修来世之福的信念,人生又有什么意义?"

此时我有些担心我们之间的讨论会走向何处,我是否在做着最有益于詹姆斯的工作?但是,不管怎样,我觉得继续保持坦诚是最好的选择。

"让我真正感兴趣的是这一世,以及如何改善我和别人这一世的人生。让我回答这让你困惑的问题,告诉你没有宗教信仰该如何找到生命的意义。我不认为宗教信仰可以作为人生意义和道德原则的来源,这两者之间没有什么联系,或者说,宗教信仰与人生意义、道德原则之间的联系至少不是唯一的。我自认为过着充实而充满活力的人生,全心全意地投身于帮助他人之中,就像在这里帮助你也是我的人生意义所在,这让我过得很满意。可以说,我从现世获得人生意义,我的人生意义来自于帮助他人找到他们的人生意义,我觉得痴迷于来世会让今生过得不充分,没有全然投入其中。"

詹姆斯看上去很有兴趣。在接下来几分钟里,我继续向他介绍了我最近读到的伊壁鸠鲁和尼采的一些观点,这些观点再次强调了我对人生的看法。我提到尼采非常崇敬基督,但是他认为圣徒保罗和后来的基督教领袖曲解了基督的真正要义,削弱了现世生活的意义。我指出,实际上尼采对苏格拉底和柏拉图充满敌意,因为他们蔑视身体,认为灵魂是不朽的,只关心如何为来世做好准备。这些信仰被新柏拉图主义者传承下来,最终被早期基督教的末世论所吸收。

我停下来看着詹姆斯,等着他来挑战我。突然,让我非常吃惊的是,詹姆斯开始抽泣。我递给他一张又一张纸巾,直到他停止了哭泣。

"试着和我说说话,詹姆斯,你的眼泪想说什么?"

"我等待这场谈话已经太久了,我一直在等这样一次认真而理智的谈话,谈论这些有点儿深度的话题。我周围的一切,我们的整个文化,电视、电子游戏、色情作品,都被简化得如此浅薄。我在工作中所做的事情,合同、诉讼、离婚调停,所有的这些事情都成了金钱交易,都是狗屎,什么都不是,什么都没有意义。"

就这样,詹姆斯不但被我们的谈话内容而且被我们的工作过程深深地影响了——我是如此认真地对待他。他把我说出自己的观点和信仰作为接收到的一份礼物,我们之间思想意识的巨大差异被证明是完全不重要的。我们对这些差异达成了共识——他借给我一本关于千里眼的书,而我,作为回报,也给了他一本当代怀疑论者理查·道格金的书。我们的关系、我给予他的他没能从父亲那里得到的关怀,成了重要的治愈因素。正如我在第三章中所提到的,他在很多方面有了明显的改善,但是在结束咨询时,他那些超自然的信仰并未改变。

被推到自我表露的边界——艾米莉亚的故事

艾米莉亚今年51岁,她是一位有些害羞的公众健康护士。艾米莉亚皮肤黑黑的、十分高大,而且非常聪明。三十五年前,她有两年时间四处流浪,吸食海洛因成瘾。为了满足吸毒的需要,她不得不去卖淫。那时候任何人在红灯区遇到她——即使是那些游荡在众多毒瘾缠身的流莺中间的衣衫褴褛、垂头丧气的嫖客——都会认为她已经无药可救了。但是,在经过了监狱里为期六个月的强制性戒毒之后——还要算上匿名戒毒者互助会、非同寻常的勇气和强烈的生存愿望——艾米莉亚完全改变了自己的人生和身份。她搬到西海岸去做了一名俱乐部歌手。她很有天赋,被邀请定期进行特约表演。她挣了钱,自己上了高中,后来还上了护士学校。在过去的二十五年里,她完全投身于救济院和庇护所的工作,为穷人和无家可归的人服务。

在我们的第一次治疗中,我得知她有很严重的失眠,晚上总是被噩梦惊醒,除了被追赶和逃生的几个片段,她很少记得梦中的场景。艾米莉亚对死亡是如此焦虑以至于她很难再次入睡。她的问题越来越严重甚至都害怕上床了,于是艾米莉亚决定寻求帮助。由于她最近刚刚读了我写的一个故事"寻找梦者",她觉得我能帮到她。

她第一次走进治疗室时便扑通一声坐在椅子上,告诉我她但愿自己不要在我面前睡着了,因为大半个夜晚她都是从噩梦中惊醒的。她说,通常她都不记得那些梦了,但是这次有个梦留在了她的脑海里。

> 我躺着看着我的窗帘,它们有着玫瑰红的褶皱,在那褶皱之间泛着淡黄色的光。那微红的条纹比光线要宽一些。但是奇怪的是这个窗帘和音乐联系在了一起。我的意思是说,不是光线透过来,而是一首罗伯塔·弗兰

克[1]的老歌《温柔地杀死我》的旋律，沿着光线流淌出来。我以前上大学时在奥克兰的酒吧唱过很多次这首歌。在梦中，我却对音乐取代了光线充满了恐惧。突然，音乐停止了，我知道唱歌的人向我走来了。我在四点钟左右被吓醒了，那天晚上我再也睡不着了。

艾米莉亚前来寻求治疗不仅是因为她的噩梦和失眠症，她还有另一个重要的问题——她希望能和一个男人建立起亲密关系，但是她尝试了几次之后，没有一段关系真正尘埃落定。

在开始的几次治疗过程中，我试图挖掘她过去的成长历史、对死亡的恐惧，还有当她还是个妓女时与死亡擦肩而过的回忆，但是我感觉到她内心对此有极大的阻抗。她的反应总是默然无声，好像在意识层面对死亡并没有任何焦虑，相反，她还在救济院做了很多工作。

在头三个月的治疗中，仅仅是第一次与我分享当初在大街上流浪的生活都给她带来了极大的安慰，她的睡眠情况因此有了极大的改善。她知道自己仍在做梦，但是除了一些零星的片段她不记得任何内容。

她对亲密关系的恐惧很快在我们的治疗关系中呈现出来。她很少直视我，让我感到在我们之间有很深的鸿沟。上文中我曾提

---

[1] 美国黑人柔情女歌手，活跃于20世纪80年代。——译者注

到过病人不同的停车模式的意义所在,而在所有的病人中,艾米莉亚把车停得最远。

我一直记得自己从派瑞克的个案中学到的东西——假如没有亲密信任的关系作为基础,任何观念都会失去作用。在接下来的几个月里,我决定对她的亲密关系问题进行工作,尤其聚焦于她与我之间的关系。但直到发生了接下来这段难忘的咨询经历,我们之间的治疗才最终走出了艰难的冰冻期。

当她走进我的办公室时,艾米莉亚接到了一个电话,她询问我自己是否可以接电话。电话里她谈到那天稍晚些她会与对方碰面,她说话的口气那么客套而敷衍,让我以为她是在和自己的老板说话。她一挂上电话,我便问她到底是谁,并得知她并不是在和老板说话,而是和她最近认识的一位男朋友在商定晚餐约会。

"和老板说话与和男朋友说话应该有些不同,"我说,"使用一些充满爱意的词语怎么样?比如亲爱的、甜心、宝贝?"

她看着我的眼神好像我来自另一个宇宙,然后她岔开话题告诉我前天她参加了一次匿名戒毒者互助会。(虽然她已经戒毒三十年了,但她仍然定期参加匿名戒毒或戒酒会。)会议在一个小镇上举行,在去参加会议的路上会经过一个毒品遍布的街区,这让艾米莉亚回忆起当她还是个瘾君子时经常出入的红灯区。她总是奇怪地回忆起往事,发现自己在下意识地寻找能够藏身一晚上的地方。

"我不想回到那个地方,亚隆医生。"

"你依然叫我亚隆医生,而我称你为艾米莉亚,"我打断她,"这看上去不太平衡。"

"给我一些时间,让我慢慢地了解你。我说过,任何时候只要我走过这些破烂的小道,我都有一种感觉,这里并不是完全一无是处。这感觉很难描述,但是,我不知道……就好像一种乡愁。"

"乡愁?那是怎样的,艾米莉亚?"

"我自己也不太确定,我总是听到一个声音在我的头脑里说'我曾经如此,曾经如此'。"

"听起来你在对自己说:'我曾经下过地狱,现在我活着出来了。'"

"是,就是这种感觉,还有一点你可能会觉得难以置信,但是在马路上流浪的生活的确更简单也更轻松,你不用担心生活开支和那些会议,不用担心要在一周之内培训好那些一窍不通的新护士,不会为汽车、家具、纳税诸如此类的事情烦恼,更不用考虑为人们做些什么是合法的,什么是不合法的,还有你也不用在乎医生的评估结果。当我还在街上流浪的时候,我所想的只有一件事情,那就是下一顿毒品,当然,总有一个嫖客会来支付这下一顿的费用。生活非常简单,每一天每一分钟只为生存下去。"

"艾米莉亚,你在这里选择遗忘了一些记忆,那些游荡在街上肮脏而冰冷的夜晚呢?破碎的酒瓶,粗鲁的男人,还有尿液和啤酒的味道,到处潜伏着鬼影,路上横着死尸,你自己甚至差点被杀了。你难道忘记这些了么?"

"是啊,我知道你是对的。我忘了这些,这些事情一结束我就忘掉了。我几乎被那些家伙杀死,但是下一分钟我又回到街上了。"

"我记得,你曾说过自己见到一个朋友从一栋建筑物的楼顶被扔了下来,你自己有三次几乎快要被杀死了——你曾告诉我有个疯子拿着刀追着你满公园地到处乱跑,你鞋子都跑掉了,就那样光着脚跑了一个半小时。但是每次你又很快重新回到街上拉活儿去了。也许是海洛因让这些记忆从你的大脑中清除出去了,甚至那些对死亡的恐惧也被抹去了。"

"是的,我只记得一件事情,就是下一顿海洛因,我完全没有想到死,对死也没有任何恐惧。"

"但是,现在死亡开始在梦中侵扰你了。"

"是的,这很奇怪,这种……这种乡愁。"

"你会为此觉得骄傲么?"我问,"你从那种地方活着爬出来的确值得骄傲。"

"有一些,但不像你说得那么多。我没有时间想那么多,我满脑子想的都是工作,有时候也会想到黑尔(她的男友),还有继续活下去,爱惜生命,远离毒品。"

"到这里来寻求我的帮助是否也能让你继续活下去,爱惜生命,远离毒品呢?"

"我的整个人生,我的工作还有在这里的治疗,这些都有帮助。"

"那不是我要问的,艾米莉亚,我能帮助你远离毒品么?"

"我说过了,我说过你能帮到我,任何事情对我都有帮助。"

"那句插进来的话——'任何事情对我都有帮助',你是否感觉到这句话冲淡了一些东西,让我们彼此很远?你在回避我。你能不能多谈一谈你对我的感受,关于这次或是上周的治疗或是这周你对我的一些想法,所有这些都行。"

"噢,不,你又来了。"

"相信我,这非常重要,艾米莉亚。"

"你的意思是说所有的病人都对自己的医生有想法?"

"是的,绝对如此。我的经验告诉我是这样,我当然也会对我的治疗师有很多想法。"

以往每次当我们谈论到彼此时,艾米莉亚总是重重地跌进椅子里,让自己显得很渺小。但是这次她直起了身子,我所说的话完全吸引了她的注意力。

"你也进行治疗?什么时候?你当时会有什么想法?"

于是我和她分享了我与自己的治疗师罗洛·梅做治疗的情景,还有我的一些想法。

"我回顾我们的工作过程,我喜欢他的温和,还有他对一切都保持敏锐的注意力,我喜欢他穿着高领的衣服,戴着绿松石的印度项链,我喜欢他说我们之间的关系很特别,因为我们有着同样的专业兴趣,我还喜欢他阅读我的书稿,发表他的意见。"

艾米莉亚沉默着,她没有动,眼睛直直地看着窗外。

"你呢?"我问她,"轮到你说了。"

"嗯,我想我也喜欢你的温和。"她有些难为情,说话的时候眼睛并没有看着我。

"继续说,说多点。"

"我觉得很尴尬。"

"我知道。但是尴尬意味着我们在说一些对彼此都非常重要的东西。我认为尴尬正是我们的目标呢,那是我们要抓住的点,我们正好可以对这个点进行工作!让我们一起跳进尴尬的核心,继续说下去。"

"嗯,我喜欢你帮我穿上大衣,也喜欢我走进来站在房间拐角时你朝我微笑。我不想麻烦你,不过你要是能整理一下你的办公室会更好,你的办公桌实在是……太乱了,好,让我继续想想。"然后她开始说到有一次一位牙医给了她一瓶麻醉剂,而我竭尽全力让她把那瓶东西交给我来保管。

"其实牙医把麻醉剂滴在了我的伤口上,你觉得我能把它吐出来吗?我记得那次治疗结束时,我要离开办公室,而你并没有不相信我。我很感激你没有按照常理来进行治疗,你没有用什么最后通牒来要求我什么,比如,如果我不给你那瓶麻醉剂的话,你就会终止和我的治疗。如果其他治疗师这么做的话,我会终止治疗、离开他们,如果你这样做了,同样我也会离开你。"

"我喜欢你说的所有这些,艾米莉亚。我觉得很感动,最后你感觉如何?"

"尴尬，就是这样。"

"为什么呢？"

"因为我现在敞开了自己，要被人取笑了。"

"这种事情曾经发生过么？"

于是，艾米莉亚说到当她处于孩童和青少年时期发生的几件被人取笑的事情，但这些事情并没有让我觉得被触动，我更加想确认她的尴尬是否和她吸毒流浪的日子有关。以前我们谈论起这个话题时，她并不同意我的看法，坚持认为她的尴尬感早在吸毒之前就产生了。这时候，她陷入了沉思，她把头转向我，眼睛直视着我说："我想问你一个问题。"

这完全抓住了我的注意力，她以前从来没有这样说过话。我不知道接下来会发生什么，热切地等待着，我喜欢这样特殊的时刻。

"我不确定你是否愿意处理这个问题，但是这个问题来了，你准备好了么？"

我点点头。

"你是否欢迎我成为你的一个家庭成员？我的意思是……你知道我的意思，我只是在假设。"

我想了一会儿，我希望自己能够保持真诚一致。我看着她，她的头抬得很高，大眼睛专注地望着我，不像以往那样总是回避我的目光。她前额和脸颊的棕色皮肤看上去好像刚刚清洗过一样光亮。我仔细地审视了自己的感觉，然后说："是的，艾米莉亚。

我觉得你是一个勇敢而可爱的人，我非常敬佩你过去能够克服那么多困难，还有你对待人生的方式。因此，我愿意你成为我的家庭成员。"

艾米莉亚泪水盈眶，她抽出了一张纸巾转过身去擦眼泪。几秒钟之后，她说："当然，你不得不这样说，因为这是你的工作。"

"看，你这样把我推得好远呢，艾米莉亚，让我们走得更近一些，好么？"

时间到了，外面下着倾盆大雨，艾米莉亚把雨衣放在了椅子上，她走过去拿自己的雨衣，我伸手拿起了雨衣想要帮她穿上，而她则立刻往后缩，好像很不舒服的样子。

"你看，"她说，"你看，这就是我说的，你在取笑我。"

"我从来没有这样想过，艾米莉亚。不过你能够说出来很好，表达任何想法都完全没有问题，我喜欢你的坦诚。"

在门口时，她转过身来说："我需要一个拥抱。"

这个时刻真是非同寻常，我喜欢她这样说。我拥抱了她，能够感受到她的温暖，以及她实实在在地在那里。

当她走下门廊楼梯时，我对她说："你今天真棒！"

我能听见她下了楼梯后走在沙砾小路上的声音，她没有转身，却大声回应道："你今天也真棒！"

在这次治疗中，我们讨论的主题是她对往日毒品成瘾的日子奇怪的怀念。她对此的解释是，也许她在渴望那种简单的生活方式,这让我想起本书的最初的几行,还有海德格尔的观念,即当一个人被日常琐事缠身时,也就不会去考虑更深层次的问题,更不会进行深刻的自我反思了。

我一直在关注此时此地,这使得我们的治疗过程产生了极大的转变,一开始她不愿意与我分享她的感觉,回避我的问题——"来这里进行治疗是否也能帮助你爱惜生命,远离毒品?"于是,我决定冒险分享多年前我对于自己的治疗师的一些感觉。

我的分享起到了示范作用,这使得她敢于冒险尝试分享自己的感受,打开了治疗的新局面。她开始有勇气问出一个让我吃惊的问题,也是她考虑很久的一个问题,即"你是否欢迎我成为你的家庭成员呢?"当然,我非常仔细地考虑了这个问题。我对她非常尊敬,不仅因为她非常有勇气地从海洛因成瘾的深渊中爬了上来,而且因为她自此之后的生活方式——她把自己的人生全身心地投入到帮助别人、安抚别人中去了。我诚实地回答了她的问题。

我的回答没有什么负面影响,我遵从了我个人进行自我表露的原则(和边界所在)。我非常了解艾米莉亚,很确信我的自我表露不会把她推远,相反会帮助她更加敞开内心。

这只是我针对艾米莉亚拒绝亲密感的问题进行工作的诸多片段中的一个。这是一次令人难忘的治疗经历,我们经常回忆起这个过程。在我们接下来的工作中,艾米莉亚更多地谈到她内心隐藏着的恐惧,她开始想起许多梦,还有流浪街头的可怕回忆。一开始这些让她感到更加焦虑——这种焦虑过去被海洛因的作用抵消了；但是，最终这让她打开了所有关闭的心门，而正是这些关闭的心门一度使她好像被切成了两半。当我们结束治疗时，她已经整整一年没有做噩梦，也没有夜晚来袭的死亡恐惧了。三年之后，我很荣幸地参加了她的婚礼。

自我表露的示范作用

治疗师自我表露最恰当的时机和程度通常来自于临床经验。值得牢记的一点是，自我表露的目的永远是为了促进治疗工作的开展；过早的自我表露可能会让来访者觉得吃惊或害怕，他们需要更多的时间来确认治疗环境是否真正安全。但是，谨慎小心的自我表露可以为来访者起到良好的示范作用，即治疗师的自我表露能够带来病人的自我表露。

临床心理治疗杂志上曾刊登过一则治疗师自我表露的著名例子。作者在文中描述了二十五年前发生的一件事情。当时，他参加了一个团体治疗，注意到团体领导者（哈格·穆特，一位知名的治疗师）不仅舒舒服服地靠在椅背上，而且还闭着眼睛。作者于是问这位团体领导者："今天你为什么看上去那么放松，穆特先生？"

"因为我坐在一位女士旁边。"哈格很快回答道。

当时，作者认为治疗师的反应太过奇怪，他有些怀疑这种带领团体的方式是否有些不妥，甚至觉得自己参加了错误的团体。

渐渐的，他发现团体领导者并不害怕坦诚地面对自己的感觉和幻想，而这很奇妙地解放了团体中的其他成员。

这句简单的回答真正产生了波动效应，很大程度上影响了这位作者今后的治疗师生涯。现在，二十五年过去了，他依然非常感激，写下这篇文章来分享治疗师的示范作用所产生的长久影响。

梦——通往此时此地的皇家大道

梦非常有价值。不幸的是，许多治疗师，尤其在其从业生涯的早期，完全忽视了它们。一方面，年轻的治疗师很少接受梦的工作方面的培训，实际上，许多临床心理学、精神病理学，以及咨询心理学方面的培训都未涉及梦在治疗中的价值所在。另一方面，年轻的治疗师自己就被梦的神秘特性、梦中象征符号复杂的表达形式，以及试图完整地解释一个梦所耗费的大把时间吓退了。大多数情况下，只有那些个人咨询风格突出的治疗师才会真正领略到梦与心理治疗的密切关系。

我很想说服年轻的治疗师尝试对梦进行工作，而不要担心如何释梦才算妥当。一个完全被理解的梦？这是不可能的！即使是弗洛伊德在1900年的文章中所提到的艾玛的梦——弗洛伊德曾竭尽全力充分地来诠释这个梦——在此后的一个世纪以来仍一直存在争论，不同流派的临床治疗师对这个梦的含义看法大相径庭。

实事求是地想想，只需把梦当做信息源，它提供了关于病人生命中那些你不曾见过的人物、地方和过往经历的丰富信息。此外，死亡恐惧也渗入了许多梦里，大多数梦都试图让做梦者继续保持在睡眠之中（如弗洛伊德所说，梦是"睡眠的卫士"），每一个噩梦中都隐藏着死亡焦虑，它们冲破了意识的栅栏，惊醒了做梦者。还有一些梦如我在第三章中提及的，预示了觉醒体验的来临，这些梦传达了深层自我的讯息，与生命的存在本质息息相关。

一般来说，对治疗最有帮助的梦是噩梦、最近做的梦，或是印象深刻的梦，即经过时间淘洗后依然留存在记忆中的清晰的梦。如果病人在一次治疗中提到了好几个梦，我通常发觉最近的或最鲜明的梦是最有效的。一种强大的无意识力量以奇妙的方式尽力呈现出梦的内涵。梦中不仅包含着模糊的象征，潜藏着精妙的策略，而且梦本身便是虚无飘渺的——我们会遗忘梦，即使我们做了梦的笔记，也会在下一次治疗中忘了把笔记带来，这在治疗中并不少见。

梦中充满了大量无意识意象的表征，弗洛伊德称之为通往无意识的皇家大道。但是，在这里我更强调的是，梦也是理解咨访关系的皇家大道。我建议你尤其关注那些出现了你自己、治疗师，或是治疗过程的梦，通常随着治疗的进展，与治疗有关的梦变得更加常见。

记住，大多数梦是完全视觉化的，头脑通过某种方式为抽象的概念安排视觉意象。这样一来，治疗过程常常以视觉化的方式呈现出来，比如一次旅行、维修自己的房屋，或是一次探索的过程,而在探索的过程中发现了自己家中以前没有使用过的、也不知道的房间。例如艾伦的梦视觉化地呈现了她的羞耻感和对我的不信任——梦中的她在我家的浴室里,经血浸湿了她的衣物,而我忽视了她,没有帮助她,只忙于与其他人交谈。在接下来的几个个案中,出现了治疗师在与深受死亡焦虑困扰的病人进行工作时不得不面对的一个重要主题,即治疗师自身的死亡主题。

治疗师的脆弱之处——琼的故事

琼今年50岁,她因为持续不断的死亡恐惧和夜晚来袭的恐慌前来寻求治疗。在过去的几个星期里,我们定期对这些主题进行了工作,直到有一天,下面这个梦出现了。

> 我去看我的治疗师(我很确定他就是你,虽然他和你长得不太像),我正往一个很大的盘子上摆放一些饼干。我拿起一些饼干,每一块都咬下一个角,然后把它们砸成碎屑,用手指拌匀。这时候治疗师拿起了盘子,一口气吞掉了所有的碎屑和饼干。几分钟之后,他从椅子上倒下去,生病了。然后他病得越来越严重,整个人也变得怪异起来,他长出了长长的绿指甲,眼睛变得让人毛骨悚然,连腿也不见了。劳瑞(琼的丈夫)走了进来,帮助安抚这位治疗师,然后他开始逐渐变好了,

比我还好点儿。我被冻僵了。这时候我醒了过来,心跳得厉害,接下来的几个小时满脑子想的都是死亡。

"琼,这个梦让你想到什么?"

"嗯,那令人毛骨悚然的眼睛和腿让我想起了一些东西。你还记得几个月前在我母亲中风之后,我曾经去看过她。她昏迷了一个星期,在她临死之前,她的眼睛睁开了一点,看上去就是那种毛骨悚然。我父亲二十年前也有一次严重的中风,自此之后他的腿就瘫痪了。他最后几个月都是在轮椅上度过的。"

"你说自己醒来之后有几个小时都在想着死亡,还记得那几个小时你在想些什么吗?说来听听。"

"还是我曾告诉过你的那些。我害怕坠入永恒的黑暗之中,想到我对于家人来说将永远不存在了,这让我特别难过。这就是我昨天晚上最初的想法。在我睡觉之前,我看了一些家里的老照片,意识到我的父亲虽然对母亲和我们非常恶劣,但是他也曾经存在过。这好像是我第一次对此心存感激。也许看着父亲的照片让我意识到他依然留下了自己的一些痕迹,其中一些甚至还挺不错的。是的,想到人们会留下自己的痕迹,这让我感到些许安慰。穿上妈妈过去穿过的长袍让我觉得很舒服,当我看着自己的女儿开着我妈妈的老别克车时,也让我觉得欣慰。"

"尽管,"她继续说,"你告诉过我,那些伟大的思想家也曾考虑过同样的问题,这让我从中获得了一些东西,但有时候这些观念并不能真正减轻我的恐惧,因为这种神秘感实在太恐怖了——死亡是我们不曾知晓也不可能知晓的黑暗世界。"

"虽然如此,但每天晚上当你睡着的时候你就会品尝到一些死亡的味道,你知道么?在希腊神话中,睡眠之神和死亡之神是一对孪生兄弟。"

"也许那就是我害怕睡觉的原因。我不得不死,这多么残忍,多让人难以置信,多不公平!"

"每个人都会这样觉得,我自己也会。但是这就是存在的协议,是存在和我们人类签署的协议,和所有活着的生灵签署的协议,还有,那些曾经活过的生灵也签署了这份协议。"

"但这还是那么不公平。"

"我和你,我们所有人都是这自然的一部分,自然界没有什么公平和不公平的感觉。"

"我知道,这些我都知道,只是我落进了儿童式的思维中,就好像儿时我第一次发现了这些真相,每次都和第一次发现时一样。你知道我没法和其他人说这些,我觉得,你愿意待在这里陪伴我就已经用我没有告诉过你的方式帮到我了,比如我没有告诉过你,在工作中,我非常勤奋,一直努力为自己开辟一片新天地。"

"很高兴听到这些,琼。让我们继续下去,让我们回到那个梦里,"我说,"在梦里我并没有和你在一起,我开始消失了。饼干让你第一直觉想到什么,它们把我的眼睛和腿怎么了?"

"嗯,我正在咬饼干,后来开始搅拌,玩那些碎屑,但是你拿走了它们,把它们全吞下去了,好像是要看看接下来会发生什么。我想这个梦反映了我内心的担心。我担心自己对你影响太深了,要求太多了。我不想探讨这个可怕的主题,但是你一直在努力深入,不仅和我,和其他病人也是如此。我想我是在担心你的死亡,你会像我的父母,像所有人那样最终消失的。"

"嗯,这事情迟早有一天会发生的。我知道你担心我会衰老,会死去,也担心你谈论死亡会对我产生一些影响。但是,只要生理上允许,我很愿意在这里和你待在一起,我非常珍惜你内心深处对我的信任,况且我的腿还在,眼睛也还不错。"

琼担心自己把治疗师也拖下水,拉进她自己的绝望之中,这的确有其符合逻辑的地方——治疗师如果不曾在个人治疗中面对过自身的死亡主题,的确有可能会在工作中被自身的死亡焦虑所击垮。

孀妇的噩梦——卡罗的故事

病人不仅会担心影响到治疗师,把他们击垮,而且在卡罗的梦里,他们最终一起面对了治疗师能力有限的事实。

我见到卡罗时,她已经60岁了。自从四年前她的丈夫去世之后,卡罗就一直在照顾自己的老母亲;在我们的治疗过程中,卡罗的母亲也去世了。她觉得自己一个人生活太孤独,于是决定搬到另一个州去和自己的儿子还有孙子孙女们一起住。在我们最后几次的治疗中,有一次,她报告了这样的一个梦:

一共有四个人，我，一个门卫，一个女囚，还有你，我们要一起到一个安全的地方去。于是，我们住在了我儿子家的客厅里，那里很安全，而且窗户上有木闩。你离开了房间一会儿，也许是去洗手间。突然，一声枪响，子弹穿破了玻璃，打死了女囚。然后你回到房间，看见她躺在地上，试图去帮助她。但她很快就死了，你没有时间为她做任何事情，甚至连一句话也没有来得及和她说。

"在梦里你感觉怎么样，卡罗？"

"这是个噩梦，我非常惊慌地醒过来，心跳得很快，好像整个床都要震动了，后来我很长时间都不能再入睡。"

"这个梦让你想到什么？"

"层层的保护，尽可能多的保护，有你在，还有门卫，还有窗户上的木闩，虽然有这么多保护，囚犯的生命却并没保住。"

接下来，我们对这个梦进行了讨论。她感觉到这个梦的核心，也就是梦所要传达的最重要的讯息是——她自己的死亡就好像那个女囚犯之死，是无法被阻止的。她知道在梦中她既是自己又是那个女囚犯。双重自我是梦中常见的现象，实际上，格式塔疗法的创立者弗里兹·皮尔斯认为梦中出现的每一个人或物都代表了梦者内心的某一个部分。

除此之外，卡罗的梦也打破了一个神话，那就是我会一直保护她的神话。梦中有很多有意思的部分（例如，双重自我的一部分以女囚犯的意象来体现，而将要与儿子一起生活使她想起带木门的房间），但是，由于治疗即将结束，我决定把工作目标聚焦在我们之间的关系上，尤其是我所能给予她的东西的确有限上。卡罗意识到，这个梦告诉她，即使她没有选择搬去和儿子一起住，继续和我保持联系，我也不可能保护她，让她免于一死。

最后三次治疗中，我们对这个洞察的内涵进行了工作，这不仅使她更容易和我结束治疗关系，也给她带来了觉醒体验。她比以往更加明白，自己所能从别人那里获得的东西是有限的。虽然亲密的联结能够减轻痛苦，却无法改变伴随着人类存在的与生俱来的苦难。她从这种洞察中获得了力量，这种力量可以陪伴她去往任何地方。

告诉我，生活不只是臭狗屎——菲尔的故事

最后一个梦的例子将启发我们去了解治疗师和病人之间的关系。

> 你是医院里的一个重病号，我是你的医生。但是，我不但没有照顾你，而且一直在问你，很执著地问你活得开不开心。我想让你告诉我，生活不只是臭狗屎。

当我询问80岁的菲尔，这个梦让他想到什么时，被死亡恐惧困扰的菲尔立即回答说，他觉得他在吸我的血，问了我太多的问题。这个梦通过一个故事反映了菲尔内心的担忧——虽然我生病了，他是医生，他的需要却比一切都要重要，非要坚持问我一些问题。菲尔因为自己糟糕的身体状况还有那些已故的或病重的朋友而深感绝望，他希望我能给他一些希望，告诉他生活不只是臭狗屎。

由于这个梦的引发，他直接问我："我对你来说是不是很重的负担？"

"我们都有同样的负担，"我回答说，"你正在面对已经钻到苹果核里的虫子（这是他先前用来描述死亡的说法），这的确很沉重，却给了我很多启发。我非常期待我们的会面，我的意义感来自于帮助你恢复生命力，再次与你心中源于生活体验的人生智慧紧紧地联系在一起。"

写这本书的初衷是因为我注意到死亡焦虑很少在心理治疗相关论文中出现。治疗师们有很多理由回避这个主题，他们拒绝谈论死亡焦虑或任何与之相关的话题，认为死亡焦虑实际上是对其他的一些事情感到焦虑；他们也许是害怕激起自己的恐惧，或是对于人生必死的事实感到困惑或绝望。

我希望通过这些文字告诉你，直面这些恐惧、探索这些情绪的必要性和可行性，即使是那些最黑暗的部分。但是我们需要一些新的工具：一系列与众不同的观念和与众不同的咨访关系。我建议，我们应该仔细深思先前面对死亡的那些伟大的思想家的观念，在生命存在事实的基础上建立起治疗性的关系。每个人都必然要面对生命的欢娱和宿命的绝望。

"真诚一致"对于有效的治疗非常重要,当治疗师坦诚地面对那些存在主题时,它能带来全新的治疗局面。我们得避免所有医患模式的残余,认为那些被陌生的痛苦所折磨的病人需要一个不动感情的、精确无误的、永远封闭着自己的治疗师。我们面对着同样的恐惧,同样的人生必死之痛,以及潜藏在每个人存在核心里的小虫子。

后　记

　　本书开篇所引用的格言"你不能直视骄阳，也不能直视死亡"正体现了流传于民间的普遍观念，那就是——直视骄阳也好，凝望死亡也罢，都是有害无益的。我不会建议任何人去直视骄阳，不过，凝望死亡则另当别论。全然地、毫不动摇地去直视死亡，这正是本书的主旨所在。

　　自古以来，人类以各种方式拒绝死亡的例子不胜枚举，比如，苏格拉底虽然是一位坚决主张人生需要彻底反省的拥护者，但他在临死前宣称，自己为终于摆脱了"愚蠢的肉体"而感激不尽，确信他将在死后和志同道合的朋友们畅谈哲学，直到永远。

　　当代心理治疗如此致力于严格的自我探索，执著地挖掘那些深层次念头，却对反思我们自身的死亡恐惧视而不见。然而，死亡恐惧正是构成人类情感生活重要而普遍的基石之一。

过去两年里,通过我和周围朋友及同事们的接触,我的确亲身体验到人们对死亡视而不见的逃避。一般来说,当我忙着写点儿东西时总得花费很长的篇幅、用社会化的语言来介绍自己手头的工作,但写这本书时情况就不同了。我的朋友们常会询问我最近在忙什么,我说,我在写一本关于如何克服死亡恐惧的书,结果谈话就这样结束了,很少会有例外。没有人会再问下去,我们很快就转向了其他话题。

但是,我坚信我们应该直面死亡,就像正视其他恐惧一样。我们应该去审思自己最终的归宿,去熟悉它、了解它、分析它、研究它、思考它,而抛开那些吓人的、儿童式的死亡幻觉。

我们不会因此就得出结论,觉得死亡是如此痛苦,简直无法承受,或是被这些念头摧毁,或是否认人生无常,以免这些事实让人生陷入无意义之中。种种否认死亡的方式都付出了代价,那就是——我们内在的生命被限制了,视线被模糊了,理性被磨灭了,最终,我们被自欺欺人所俘虏。

焦虑总会伴随着直视死亡的全过程,当我写下这些文字的时候都可以感受得到;这便是自我觉知的代价。在副标题里,我故意使用"恐惧"这个词来代替"焦虑",就是为了更好地说明原始的死亡恐惧可以渗透到日常可以应对的焦虑之中。有引导的直视死亡,而不是压抑那种恐惧,会让人生更加珍贵、更加深刻、更加有活力。这种走向死亡的方法为人生指明了方向,最终聚焦于如何减轻死亡恐惧，以及如何识别并利用觉醒体验。

我不打算把本书写得晦暗阴郁，相反，我希望通过去领会且真正领会人类的处境——我们的有限性，我们短暂的生命之光——我们不但可以品味每个独一无二的当下，享受全然为是的喜悦，也可以由此培育我们对自身，乃至对全人类的悲悯之心。

读者指南

欧文·亚隆曾说过,本书是完全个人化的,它来自于亚隆自己直面死亡的经历。"我与每个人分享这死亡恐惧,那是我们无法割断的阴暗面。"

你也曾直面过死亡么?你曾分享过这份恐惧或是在人生的某个阶段经历过这黑暗时期么?这阴暗的一面其实在我们每个人生命中的大多数阶段都存在着,你赞同这一点么?

在读完《直视骄阳》这本书之后,无论是在读书会里与其他书友交流还是在与你自己对话的过程中,你也许都会想问这些问题。我们希望,以下内容可以帮助你在团体里提出疑问或是扪心自问,由此就这本书里提出的问题和观点展开讨论。

书 名

你是否赞同，直面死亡就如同直视骄阳一样，是一件既痛苦又困难的事情，但是如果你想要充分觉知地活着，真正了解人类生存的处境、人生的有限性以及短暂的生命之光，就非常有必要这样来做？

你是否了解并赞成亚隆医生在副书名中使用"死亡恐惧"，而不是使用"对死亡的担忧"？为什么我们只把注意力放在"恐惧"上？是不是人们根本无法战胜死亡恐惧？

第 一 章

韦氏大辞典对"伊壁鸠鲁式的人（epicure）"这个词的注释是：指那些沉迷于奢侈人生和感官享乐的人。亚隆医生是否能说服你，让你相信古希腊哲学家伊壁鸠鲁提出了一些更有价值的东西，让我们每个人都能从中受益？果真如此的话，这些有价值的东西到底是什么呢？

从6岁到青春期之间的儿童曾经告诉过你他们害怕死亡么？他们是不是对死亡都充满了好奇？

在你周围，青少年们是否会突然甚至爆发性地对死亡充满了困扰和焦虑？果真如此的话，他们如何表达这种困扰和焦虑？

你也许知道弗洛伊德认为我们的大部分心理问题都是性压抑的结果，与之相对，欧文·亚隆认为我们的大部分焦虑和病理都可以追溯到死亡焦虑。你是否赞成这一点？对你来说，情况是否如此？

第 二 章

想到死亡，你自己最大的恐惧是什么？你可以用语言表达出来么？可以想象出那幅场景么？

你自己曾经有过一些其实根源于死亡恐惧的焦虑或恐惧情绪么？

第 三 章

在你的人生经历中曾经有过"觉醒体验"么？比如因大病、离婚、失业、退休、丧失至爱，或是因一个有影响力的梦、一次有意义的聚会而引发的觉醒体验？

这些体验是否曾经影响过你？你是否认为这种觉醒激发了自

己内在的力量，让你更加珍惜生命、对死亡也有了不同的看法？

第 四 章

你觉得自己在过去的人生中对谁产生的波动影响最大？你觉得自己未来可能对谁产生最大的波动影响？

在面临压力或是体验到死亡恐惧的时候，你是否曾为自己吟诵过一些类似于"那没有击垮我的，将使我更加坚强"、"成为你自己"诸如此类的格言、观念或是警句？

第 五 章

你是否赞成与另一个人的紧密联结能够帮助你应对死亡恐惧？你自己曾有过这样的经历吗？

你是否曾体验过与周围人彼此隔绝的孤独？

当你意识到除了你自己没有人真正了解你的世界，而死亡意味着你终其一生构建出来的世界也走到了尽头时，你是否体验过亚隆医生所说的"存在孤独"？

亚隆医生借用了电影《呐喊与低语》来说明同理心是如何发挥作用的，在你看过的电影中，有没有哪部电影能够说明你所了解的或想要了解的人类同理心究竟是什么？

想象一下五年或是十年之后，如果你一直在做你目前每日在做的事情会有什么样的遗憾？是否可以继续想象一下，从现在开始，你做点什么能让自己在一年或五年之后回首想想不再有什么新的遗憾？

第 六 章

你还记得自己第一次经历身边的人去世的场景么？第一个去世的亲友是谁？你当时经历了怎样的体验？

你参加过很多葬礼么？回忆一下那些至今留在你记忆深处的几次葬礼。

你曾经有过濒死体验么？你当时的反应是什么？现在回想起来，你的感觉怎么样？

你是否觉得自己实现了儿时的梦想？发挥出了自己的潜能？

亚隆医生说，他的工作和个人信仰根植于现世存在的世界观，拒绝超自然的信仰，对此，你怎么看？

宗教或信仰是你应对死亡的一部分么？亚隆医生不相信来世，并且认为意识（和伴随意识的所有一切）都会在大脑停止运作时消失，你对此如何看待？

第七章

　　你曾经做过心理治疗或是现在正在进行心理治疗么？

　　你的治疗师会进行自我表露么？这让你感觉怎么样？你是否希望你的治疗师能进行更多的自我表露？

　　你们的治疗曾经在更深层次上着眼于和死亡焦虑有关的问题么？

　　亚隆医生建议："你必须聆听心灵地下室里野狗的狂吠之声，才会变得更加智慧。"这对你来说意味着什么？